U0166690

屋子里有位数学家

[阿根廷] 阿德里安 · 帕恩扎（Adrián Paenza）——— 著
岳琳　王润泽 ——— 译

¡UN MATEMÁTICO AHÍ, POR FAVOR!

图书在版编目(CIP)数据

屋子里有位数学家 / (阿根廷)阿德里安·帕恩扎著；岳琳，王润泽译. -- 北京：北京联合出版公司，2023.5

ISBN 978-7-5596-6804-2

Ⅰ.①屋… Ⅱ.①阿… ②岳… Ⅲ.①数学－普及读物 Ⅳ.① O1-49

中国国家版本馆 CIP 数据核字(2023)第 054961 号

屋子里有位数学家

作　　者：[阿根廷]阿德里安·帕恩扎
译　　者：岳　琳　王润泽
出 品 人：赵红仕
选题统筹：邵　军
产品经理：张志元
责任编辑：邓　晨
封面设计：尧　丽

北京联合出版公司出版
(北京市西城区德外大街 83 号楼 9 层　100088)
北京联合天畅文化传播公司发行
北京旺都印务有限公司印刷　新华书店经销
字数 220 千字　880 毫米 ×1230 毫米　1/32　9 印张
2023 年 5 月第 1 版　2023 年 5 月第 1 次印刷
ISBN 978-7-5596-6804-2
定价：59.00 元

献词

献给我的父母——弗里和埃内斯托。

在我出版的每一本书开头，我都会写到：我所获得的所有成就，都归功于他们对我的付出。如果每一个孩子出生后都有像我和我的妹妹类似的机遇，那么这个世界一定会有所不同。

献给我的妹妹劳拉和我的妹夫丹尼尔。

献给我的每一个侄女和侄子（正如我期望的那样，每年都有更多的侄女和侄子出生）：洛伦娜、亚历杭德罗、马西莫、安德里亚、伊格纳西奥、保拉、圣地亚哥、卢西奥、马蒂亚斯、卢卡斯、亚历山德拉、阿曼达、安德森、布伦达、丹特、迭戈、艾莉、加布里埃尔、格里芬、杰森、兰登、卢卡、卢斯、玛丽亚、玛丽亚·何塞、马里奥、马吕斯、马克斯、米亚、米拉、米格利托、纳塔利、尼古拉、尼古拉斯、莱利、萨比娜、塞巴斯蒂安、尤利西斯、瓦伦丁、瓦伦蒂娜、薇薇安和惠特尼。

献给卡洛斯·格里古尔和莱昂·纳伊努德尔两位先生，他们是我的灵感源泉，是指引我大半生的灯塔。

献给与我一起长大的四位朋友：莱昂纳多·佩斯金、米格尔·戴维森、劳伦斯·克里特和米格尔·费尔南德斯。

献给我的朋友们：艾丽西亚·迪肯斯坦、安娜·玛丽亚·达莱西奥、安德烈·萨尔维奇、比阿特丽斯·德·纳瓦、贝蒂·库珀、贝蒂·苏亚雷斯、卡门·塞萨、克里斯蒂娜·塞拉·塞尔瓦、埃迪·格伯、埃里卡·克里特、埃特尔·诺瓦科夫斯基、格伦达·维埃特斯、帕梅拉·罗切蒂、伊莎贝尔·塞古罗拉、朱莉·罗杰斯、卡琳娜·格里古尔、金·莫里斯、劳拉·布拉卡伦蒂、玛丽·奥罗尼奥、马塞拉・斯梅坦卡、玛丽亚・玛尔塔・加西亚・斯卡拉诺、玛丽安娜・萨尔特、玛丽莎・吉梅内斯、玛丽莎・庞博、玛尔塔・巴尔达诺、马蒂娜・科尔特斯、莫妮卡・穆勒、蒙塞・贝萨、尼尔达・罗森菲尔德、诺拉・巴尔、诺拉・伯纳德斯、诺玛・加莱蒂、帕特里夏・布雷特、保拉・艾莫内托、拉奎尔・马克卡里、拉奎尔・格拉・维加、特蕾莎・克里克、特蕾莎・雷恩斯和维罗尼卡・菲奥里托。

献给我的朋友亚历杭德罗・法布里、安德烈斯・诺西奥尼、阿里尔・哈桑、巴尔多梅罗・鲁比奥・塞戈维亚、卡洛斯・德尔菲诺、克劳迪奥・马丁内斯、克雷格・罗杰斯、克里斯蒂安・祖巴拉、戴卫・布迪、丹尼斯・福格、唐・科尔曼、伊曼纽尔・吉诺比利、法布里西奥・奥贝托、埃内斯托・蒂芬伯格、费尔南多・帕西尼、弗洛伊德・卡纳迪、弗雷德・维斯、加里・克罗茨、格里・加布尔斯基、雨果・索里亚尼、豪尔赫・吉诺比利、拉斐尔・詹姆斯、豪尔赫・巴尔达诺、胡安・伊格纳西奥・桑切斯、胡安・巴勃罗・皮纳斯科、胡里奥・布鲁特曼、基思・莫里斯、凯文・布莱森、伦尼・冈斯坦、戈登・费尔斯特伦、路易斯・斯科拉、马科斯・萨特、奥斯卡・布鲁诺、巴勃罗・普里吉奥尼、佩普・瓜迪奥拉、拉蒙・贝萨、里卡多・梅迪纳、圣地亚哥・塞古罗拉、维克多・雨果・马尔切西尼、卡洛斯・艾马尔、克劳迪奥・普斯特尼克和伍迪・冈萨雷斯。

献给我的表妹莉莉、米尔塔和西尔维娅，以及我的表兄弟乔西和里卡多。

献给吉多和索莱达。他们的人生还没开始，就已夭折。失去两个小家伙的痛苦，永远留在了我的记忆里。

怀念我的姨妈迪莉娅、埃琳娜、埃伦尼塔、米里亚姆和我的叔叔萨乌尔，以及我难以忘怀的赫克托・马古雷吉、胡安・德内格里、诺米・库尼奥、罗拉・布莱森、曼尼・克雷特和薇薇安・克罗特。我再次对我的挚友路易斯・博尼尼和豪尔赫・金兹伯格表示无尽的感谢。

最后，我把本书献给我人生路上的四位引路人，他们是：阿尔贝托・科恩布利赫特、马塞洛・贝尔萨、维克多・乌戈・莫拉莱斯和霍拉西奥・维比特斯基。

致谢

虽然并不像看起来的那样，但一本书能够出版，是大家共同努力的结果。我身边许多人或许都没有意识到，是他们在不知不觉中给了我启发，帮助我看到自己以前没有注意到的地方，让我发现了新鲜的事物。我确信自己还没有完全意识到这一点，所以，有的人从来也没有在我这里得到认可。但是，我还是想把其中一些人的名字及他们曾经为我提供的帮助记录下来。

首先，我想感谢三位读者，感谢他们发现问题，提出自己的想法，帮助我改进本书。他们是出版本书的三位负责人卡洛斯·德安德里亚、胡安·萨比亚和卡洛斯·萨劳特。其次，我要对格里·加布尔斯基、胡安·巴勃罗·皮纳斯科、艾丽西亚·迪肯斯坦、克劳迪奥·马丁内斯和马努·吉诺比利表示感谢。再次，感谢在我人生和职业生涯中起到关键作用的格伦达·维埃特斯和克劳迪奥·马丁内斯。

感谢企鹅兰登书屋整个团队：玛丽安娜·克里奥、加布里埃拉·维戈、玛丽安娜·维拉、胡安·伊格纳西奥·博伊多、费尔南达·马内利、埃里卡·马里诺、卢克雷西亚·兰波尔迪、瓦尼娜·法里亚斯、马克斯·罗姆波、安娜·杜斯曼和哈维尔·洛佩斯·洛维特。

我还要感谢二十一世纪出版社的卡洛斯·迪亚斯和迭戈·戈隆贝克，因为他们是邀请我写第一本书的人，那是很久以前的事了。现在，你手中拿的是我的第17本书。是的，17本了！真让人难以置信。谁能想到呢？我与和我最初合作的维奥莱塔·科拉多和赫克托·贝内德蒂的共同努力得到了广大读者的认可。

我还要感谢企鹅兰登书屋西班牙分社的米格尔·阿吉拉尔和何塞·拉福索，感谢他们在欧洲为协助我完成工作所做的努力。

我要特别感谢另外三个人。首先，我要感谢吉列尔莫·沙维尔松和芭芭拉·格雷厄姆，他们是我的朋友，也是巴塞罗那的文学代表人物。其次，我要感谢的是阿尔多·费尔南德斯，他和克劳迪奥·马丁内斯一样，聘用我并成为我电子媒体工作的代理人。

说到数学，我还要特别感谢那些在 1964 年 3 月我开始学业的道路时担任我的导师、辅导员和向导的人。那是我第一次去布宜诺斯艾利斯大学精密科学与自然科学学院，学院位于阿根廷联邦首都的秘鲁街。下面我把曾经培养我，并帮助我提高的导师们的名字记下来：首先是我的博士生导师米格尔·埃雷拉，后来我们成了朋友。不幸的是，他后来突然逝世了。其次是恩佐·根蒂尔，是我的第一个老师，因此，我把**“老师”**两个字加粗，他就像路易斯·桑塔洛，也是一位真正的导师。接着是霍拉西奥·波尔塔，一位挑战所有既定秩序的人，也是一位伟大的数学家。还有我亲爱的老师爱德华多·杜布克，从他的名字可以看出，他是一个不同凡响的人。还有安赫尔·拉罗通达，我的学士学位论文指导老师。最初，是他们几位栽培了我。

感谢我曾经的同事里卡多·诺列加、内斯托尔·布卡里、卡洛斯·桑切斯、马莱娜·贝克尔、马塞拉·费恩布鲁姆、特雷西塔·弗雷登伯格和雨果·阿尔瓦雷斯。我的生活因他们而更加丰富多彩。

感谢艾丽西亚·迪肯斯坦、卡门·塞萨、卡洛斯·德安德里亚、奥斯卡·布鲁诺、格里·加布尔斯基、胡安·萨比亚、特蕾莎·克里克、里卡多·杜兰、诺埃米·沃兰斯基、巴勃罗·卡尔德隆、卡洛斯·萨劳特、马克斯·达泽尔、里卡多·弗雷曼、费尔南多·库克尔曼、卢卡斯·蒙松、古斯塔沃·斯托洛维茨基、克里斯蒂娜·洛佩斯、玛丽亚·德尔·卡门·卡尔沃、加布里埃拉·杰罗姆、马丁·索布拉和克里斯蒂安·祖巴拉，他们都属于年轻一代。除了格里和古斯塔沃是物理学家，其他人都是数学家，他们都在某一专业领域钻研过，个个成绩优异。我从他们那里学到了许多东西，他们也是我的朋友。

感谢一直在精密科学与自然科学学院工作的另一个由教学人员和其他人员组成的出色团队。他们是玛丽亚·安吉里卡·塔克雷迪、西尔维娅·洛佩斯、胡里奥·科巴兰、莱昂德罗·卡尼利亚、路易斯·马齐奥蒂、胡安·何塞·马丁内斯、阿尔法罗、玛丽娜、洛丽娜·阿尔瓦雷斯·阿隆索、胡安·巴勃罗·帕兹、豪尔赫·阿利亚加、路易斯·卡法雷利、阿里尔·阿比瑟、豪尔赫·齐尔伯、乔斯·海因茨、马蒂亚斯·格拉纳、巴勃罗·科尔、巴勃罗·米尔鲁德和爱德华多·安廷。他们当中的大多数人还健在，但有一些人已经去世，他们每一个人都给我留下了深刻的印象。

我没有忘记另一个阵容庞大的团队。我们曾一起在制作室、编辑室、电视或广播工作室度过了工作时光。他们都是媒体人，是一些与阿根廷媒体进行信息交流的“核心人物”和“大脑中枢”，个个都是顶尖的专才，他们是黛博拉·戈尼茨、亚历杭德罗·布拉卡、多洛雷斯·博世、伊丽莎白·阿莱格里、埃齐奎尔·罗德里格斯、加布里埃尔·迪亚斯、埃迪·格伯、贝蒂娜·罗德里格斯、克劳迪娅·艾伯曼、劳拉·库基尔曼、伊格纳西奥·马丁内斯、佩德罗·马丁内斯、路易斯·哈桑、玛丽亚·玛尔塔·加西亚·斯卡拉诺、卡拉·诺瓦克、马里奥·布科、保拉·鲁索、保拉·坎波多尼科、亚尼拉·吉奥、安德烈斯·格里克、奥古斯托·阿尔博、亚米拉·阿布德、费尔南多·诺盖拉、古斯塔沃·卡塔尔迪、费尔南多·莫隆和瓦莱丽娅·特雷维桑。

我在我的任何一本书的致谢名单里都要补充一些人的名字，我不仅对他们有感情，而且永远对他们心存感激，他们是克劳迪奥·马丁内斯（一直列在所有的名单中）、维罗妮卡·菲奥里托、特里斯坦·鲍尔、索莱达·奎雷哈克、阿克塞尔·基西洛夫和伊曼纽尔·阿尔瓦雷斯·阿吉斯。

最后，感谢我在阿根廷《十二页报》的团队成员们，特别是埃内斯特·蒂芬伯格和雨果·索里亚尼。他们是我多年来的工作伙伴和同事。感谢我最亲爱的霍勒斯·韦尔比茨基，他是 El Cohete a la Luna 媒体的导演、创始人和创作者。我还要感谢马塞洛·菲格拉斯。

感谢支持包容性创新研究和开发的 CyTA（科学和技术）团队及寻求公正、主权、包容和平等的 Manifiesto Argentino 团队，感谢他们让我成为团队的一员。

除此之外，我很有可能忘记了一些人，但我要感谢他们中的每一个人，并请他们原谅我。这一遗漏不是出于我的本意，我对每一个人都永存感激。

目录

序章

我想请你读一读本书。本书中记载了许多故事，这些故事都融于一个个有趣的数学小游戏中，既能让你动脑筋去思考，也能让你乐在其中。你也会看到，不是所有的问题都那么复杂，也不是所有的难题都那么难解。我不知道怎样把这些问题分出等级来，但我知道在过去的三四十年里，在我参加过的关于如何解决数学问题的研讨会中，的确有人想用一下子就引人入胜的方式把数学的魅力展现出来。我记得有一门学科的一个分支叫作博弈论。对！就是博弈论！为什么要提到它呢？因为我想说，难道我们就不能做些什么来表明数学是具有吸引力、趣味性、挑战性和创造性的吗？

如果我们花费更多的精力去钻研数学，就一定会找出更多赞美数学的词语来。然而，事实恰恰相反，在我所看到的评价中甚至连中性一点的都未曾有过。因为很少有人愿意与数学有瓜葛，很多人不是认为它索然无味，就是认为平素所教的数学知识，特别是近几个世纪以来流传下来的数学知识，似乎都毫无用处。

说了这么多，我们能做些什么呢？我能做些什么贡献呢？我认为在过去的很多年里，许多数学著作秉承的理念大多是数学很严肃，并排斥它的趣味性。好吧，我们接受这个理念。我想象此时此刻你正在读序章的这几行文字，可你或许不是数学专才，或许你会责怪和质疑我："如果你是我，会提出什么问题？"或者你会提出疑问："你们这些数学家还能讲点别的什么吗？”

这也是我的疑问：为什么我们不能把这个话题全部讲出来展现给读者呢？我要举一些什么例子呢？

在我筹备写本书中这些故事的过程中，我忽然想起有关数学的十几个问题，我曾在不同的场合和时间提及过这些问题。作为趣味数学，我把它们展现给刚入门数学的读者，献给那些对目前和未来的数学教育尚未形成观念的人。对于初次接触趣味数学的读者来说，他们可能未曾听过数学“很有魅力”或“很枯燥”之类的讨论。我该怎样把这些故事向他们讲出来呢？

我唯一能猜测和推断的是阅读本书的你有思考能力，能用心去阅读案头的任何资料，特别是有适宜的阅读环境，能让你在开始阅读本书之前就心情舒畅。

最后，借此机会，我要说的是，希望你乐意去做一做这些数学题，不情愿就不要勉为其难。我只是希望能够通过做这些数学题引发你的好奇心。我坚信，你会和我一样对这些数学题充满好奇！

在探讨这些问题之前，我先声明一下：我始终不建议用这些思考题替代当今的数学教学，这是绝对不能被替代的，我只是想尝试让你从不同的途径入门数学而不至于陷入困境。不管怎样，我建议你用其他的思维方式去思考，想一想你自己会怎么去做。

起初，我选出了 25 个问题，可后来感觉似乎太多了。事实上，我已经把这些问题拓展成了一本书，书中每一章都先写故事，再写解题方法。

如果你对下面的 10 个小问题感兴趣，并更深入地去研究它们，就会发现每一个问题的相关资料都很多，在同类的其他图书中也有收录。如书中内容有不足之处，敬请查阅文献并斧正。

我们现在就开始看看下面的几个问题吧。

德国的彩票

在德国，和世界上其他地方一样，玩彩票的方式有很多种。其中一种是在前50个自然数[①]中选择6个数字，不分先后。例如，可以选择这样的组合：7，11，16，17，48和50。请计算一下你“中奖”的概率有多大。[②]

解答上述问题的同时，我建议你思考在以下两个例子中提出的问题。

例1：假设你在买完彩票后乘坐了一辆公交车。当时你很高兴，因为你在买彩票时选择了自己最喜欢的6个数字。这时，你发现车里已经没有空座位了，外面又下起了瓢泼大雨，你只能在车里站着。公交车到了下一站停了下来，一位坐着的女士看到车停下后立即起身下车。因为走得着急，她忘记了带雨伞。当时，你没有来得及赶上去把雨伞交给她。接着，你决定把这把雨伞带回自己家里。到家后，你便拿起电话随意拨打了一串7位数的电话号码。

问题1：那位女士能接听到你电话的概率和你手中彩票中奖的概

---

① 前50个自然数是：1，2，3，4，…，48，49和50。

② 计算在前50个自然数中抽到6个相同数字可能性的方法，需要使用组合数C_{50}^{6}来计算。我无法使用相应的理论来“证明”相同数字出现的可能性，但我有以下几个建议：

A. 查看有关组合数的任意图书。这些书中几乎每一本书的前几页，都会出现关于“阶乘”的定义，其中就有关于组合数的相关内容。

B. 搜索一下“组合数”这个词，你会发现各种例子和应用。我去搜索了一下“组合数”，这也让我对自己讲的内容更加有把握。

C. 组合数C_{50}^{6}，实际上就是：$50! \div 44! \div 6! = [(50\times49\times48\times47\times46\times45\times\cdots)\div(44\times43\times42\times41\times40\times39\times\cdots)]\div(6\times5\times4\times3\times2\times1) = 15\,890\,700$

D. 根据计算，我们可以得知共有近1 600万种可能性。相比之下，准确打中7位数电话号码的可能性才有1 000万种：从000-0000（假设任何电话号码有效）到999-9999。

率，哪一个更大呢？

例 2：请你拿出一副扑克牌，把它放在桌子上。测量得出这副扑克牌的“厚度”约为 2.5 厘米。随后，你打电话给这副扑克牌的制造商，让他们给你寄 27 万副扑克牌。收到这些扑克牌后，将所有的牌摆在一起。通过计算得出这些扑克牌摆在一起的高度约为 7 千米（70 万厘米）。现在，在其中一张牌上“做一个记号”。

问题 2：你能找到那张做了记号的扑克牌的概率和你彩票中奖的概率，哪一个更大呢？

问题 1 的答案：那位女士接听到电话的概率更大。

问题 2 的答案：你能够找到做了记号的那张扑克牌的概率更大。

最后给你的建议是：不要买彩票！

128 名网球运动员

在法国，每年都会有 128 名网球运动员参加“罗兰 · 加洛斯”法国网球公开赛。举办方需要布置好场地以便比赛能够在两周内顺利完成。众所周知，比赛是按单场淘汰制进行的。也就是说，如果参赛者输掉一局，就意味着被淘汰出局。只有赢家才能继续进行下一轮比赛。

问题：整个公开赛总共会进行多少场比赛？

解答

我们来推算一下就明白了。第一轮会有 64 场比赛（因为需要 128 名参赛者两两进行比赛），随后一轮是 32 场比赛（需要在 64 场比赛后每场的胜出者之间进行比赛）。依照这样的推理方式一直计算到最后，你肯定能得出正确答案。

然而，我想向你提供思考这个问题的另一种方式。就像你所知道的，在这 128 名参赛者中，只有 1 名胜出者一场都不会输。其他人，无论怎样，都会被淘汰出局。那么，有多少人会被淘汰出局呢？答案很明显，是 127 人。因此，这 127 名网球运动员都会输掉一场比赛。那么，举办方可以轻松地知道答案：共 127 场比赛！不需要任何计算。

附言

如果是 100 万名网球运动员（任何一种运动或活动都可以）以单场淘汰的方式进行比赛，总共会比多少场呢？通过了解上一个例子后，这道题的答案也显而易见：999 999 场。

一件衬衫和被偷的 100 比索

有一个人想买一件 T 恤衫。一天上午，他走进一家商店，朝着商店的货架走去，他正想从那里取下一件中意又合身的 T 恤衫。这时，他发现收银员不在，却看到柜台上有一张面值 100 比索的钞票。他把身子往柜台靠了靠，左右打量了一下，发现周围一个人都没有。他放下 T 恤衫，随手拿走了那 100 比索。他竟然把柜台上的 100 比索偷走了！

下午，这个人又回到那家店里去买 T 恤衫。这次，收银台那里有店员。这个人走到上午看过的衣服的那个架子前，选好自己想买的那件合身 T 恤衫，看看价格：70 比索。他拿着 T 恤衫去收银台，用他上午偷走的 100 比索付了买 T 恤的钱。收银员把 T 恤衫装好后给了他 30 比索。然后，他便离开了。

问题（多项选择）：这次交易，商店损失了多少钱呢？

A. 30 比索

B. 70 比索

C. 100 比索

D. 130 比索

E. 170 比索

F. 200 比索

当然，答案还是需要你自己去想。

接下来我想说的是，这个问题在多个场合被提起过，我也听到了多个答案。不知道你有什么想法，我建议我们继续顺着这个思路一起来寻求解答这个问题的方案。

想一想，如果下午进来买 T 恤衫的不是早上来过的那个人而是别人（例如是我），商店会损失多少钱？

可能你会很快地回答："100 比索！"你之所以给出这个答案，肯定是因为上午和下午来的不是同一个人，两者没有联系。

那么，问题是：如果上午和下午来的是同一个人，会有什么区别呢？没有区别！因为这个人下午来时做了"正常""合法"的交易。这次交易与早上发生的事情（100 比索钞票被盗）完全无关。

因此，正确答案是选项 C，这家商店损失了 100 比索。

乒乓球比赛

星期六下午，外面下着大雨，于是 3 个要好的朋友甲、乙和丙决定打乒乓球来打发时间。乒乓球是两个人玩的游戏，所以 3 个人中有一个人要在场外看着另外两个人比赛，谁输了就离开球桌，待在一边看着接下来的比赛。赢者继续玩。

比赛结束后，3 个人想算一下每个人打了几场比赛。请注意：不是计算每个人赢了多少场比赛，而是计算每个人打了多少场比赛。最后的计算结果是，甲打了 10 场比赛，乙打了 15 场比赛，丙打了 17 场比赛。

问题（似乎很离谱）：第二场比赛谁输了？

的确，我认为这个问题好像很难回答，但我相信它还是有答案。请你来解答一下这个问题吧。

解答

如果把 3 个人比赛的所有场次相加，结果是：10+15+17=42（场）。但是这个结果有问题，42 场比赛不是他们比赛场次的总和，因为在 42 场比赛中，每场比赛都被计算了两次。所以，他们一共进行了 21 场比赛。

那么，3 个人中的任何一个人至少要打多少场比赛呢？这里是强调“至少”。请注意：在任何连续的两场比赛中，3 个人都必须参加，不可能有一个人连续两场比赛都不参加。

所以，再来重复一下上述问题：3 个人中的每一个人至少要打多少场比赛？为了算出这道题的答案，有必要假设其中一个人一场都没赢。至少要打多少场呢？

我们计算一下：假设甲打输了第一场比赛不得不出局。接着，第三场他又输了。那么第四场是乙和丙在比赛。然后甲接着去打第五场，又输了，以此类推。简而言之，如果甲参加了第一场比赛，那么他就输掉了包括第一场比赛在内的所有比赛，因为他参加了所有奇数场次的比赛：

1，3，5，7，9，11，13，15，17，19，21

数一数是多少场比赛？是 11 场。这 3 个人中有谁少打了哪场比赛呢？我们一起思考一下。如果甲不是打了所有奇数场次的比赛，而是打了所有偶数场次的比赛，那么他必须参加哪几场比赛呢？

2，4，6，8，10，12，14，16，18，20

现在我们数一数，会发现甲参加了几场比赛呢？答案是：10 场！而题目中甲正好参加了 10 场比赛。这就说明甲不仅打了第二场比赛，而且输了。这就是我们想要的答案：甲输了第二场比赛。

附言

除了知道甲输了第二场比赛，通过以上论证我们会发现甲也输掉了第四场、第六场、第八场比赛……（所有偶数场次的比赛）。[①]

1 到 100 的和

1642 年[②]，有一所小学的一位老师要求学生们保持安静，但孩子

---

① 为了完成推理，我采用多种方式中的一种方式来得出答案。在下面的表格中，每一列所示为每场比赛都有两个参与者，而上面一行中的参与者是赢得比赛的人。我按照卡洛斯·德安德里亚向我建议的方式将推理过程写了出来，如表 0-1 所示。但我建议你尝试找到另一种方式去解答。

表 0-1 卡洛斯·德安德里亚建议的推理方式

乙	乙	乙	乙	乙	乙	乙	乙	丙	丙	丙	丙	丙	丙	丙	丙	丙	丙	丙	丙	丙
丙	甲	丙	甲	丙	甲	丙	甲	乙	甲	乙	甲	乙	甲	乙	甲	乙	甲	乙	甲	乙

如果你数一数，就会得出甲打了 10 场比赛，乙打了 15 场比赛，丙打了 17 场比赛。这是因为在 11 场奇数场次的比赛中，乙必须与丙交手（因为甲只打了偶数场次的比赛）。另一方面，乙必须在与甲的 10 场偶数场次比赛中获胜 4 场，而丙赢得了与甲进行的剩下 6 场偶数场次比赛。同样，我建议你寻找其他方式尝试一下。你会发现有很多不同的排列方式，而且很容易得出答案。

② 此处作者给出的时间“1642 年”似有误。根据后文内容及查证相关史实，数学家高斯出生于 1777 年，晚于此处的 1642 年。——编者注

们不听话。为了让他们集中注意力，老师决定让他们做一道数学题。他对孩子们说："请你们把 1 到 100 的所有数字（这里指自然数）都相加！"

当时没有计算器，也没有电脑，甚至连电都没有。学生们别无选择，只能自己用笔去算 1 到 100 的和。

30 秒不到的工夫，其中一名学生就说："我已经算出来了！"这时老师还没有坐到教室前面的椅子上，便问他："你做完了？你算出是多少？"学生回答："结果是 5 050。"

老师不敢相信自己的耳朵，因为正确答案的确是 5 050。他不相信有人能这么快算出答案，于是又问："你以前在家里算过这道题吗？"学生回答："没有，我刚刚才算出来的。"

然后，老师请他上讲台向同学们解释一下他是如何快速计算出结果的。那位同学给出了下列解释：

"我将需要计算的所有数字相加，即

$$1+2+3+4+5+6+7+\cdots+96+97+98+99+100$$

"我把第一个数字 1 和最后一个数字 100 相加，结果是 101。接着，把第二个数字 2 和倒数第二个数字 99 相加，结果也是 101。然后，把第三个数字 3 和倒数第三个数字 98 相加，结果又是 101。我不断重复同样的计算方式，即从左边选择一个数，再从右边选择一个与其位置对应的数。把这些成对的数字相加的和都为 101。"

那么，共有多少对数字呢？亲爱的读者，难道你不想思考一下吗？共有 50 对。最后，把它们相乘：$50\times101=5\ 050$。答案就算出来了！

附言

据说，以这种方式算出答案的学生是约翰·卡尔·弗里德里希·高斯，他在西方历史上被称为“数学王子”。你认为只有“数学王子”才能想出这种解题方式吗？我认为不一定。

50个白色小球和50个黑色小球

下面这个问题很特别，而且完全“反直觉”。假设我们在一个盒子中放了50个白色小球和50个黑色小球。请你把手伸进这个盒子里，闭着眼睛拿出其中两个小球。

如果拿出来的是两个不同颜色的球，就将白色的球放回盒子里；如果拿出来的两个小球都是相同颜色的，就再放入盒子一个黑色小球。重复上面的操作。

这样，一开始有100个小球，但是每操作一步，球的数量都会减少一个，因为不管拿出来的球是什么颜色，你总是拿出来两个球再放回去一个球。

那么，你能推算出最后剩下的一个球是什么颜色的吗？

解答

我们一起来思考一下。一开始，每种颜色的小球各有50个，共有100个小球。我们看看在完成第一步后会发生什么。

（1）如果我拿出了两个不同颜色的球，再放回去一个白色的球，那么，盒子里白色球的数量还是50个。

（2）如果我拿出了两个白色的球，就再补充一个黑色小球进去，那么，盒子里还剩48个白色的球。

（3）如果我拿出了两个黑色的球，就再放回去一个黑色的球，那么，盒子里白色球的数量还是50个。

由此可以看出，盒子里白色小球的数量会是50个或恰好是48个，但永远不可能是49个。也就是说，它从来都不可能是奇数。

如果要把 50 个白色小球变成 48 个白色小球，不管你怎么拿，接下来，白色小球都将从 48 个直接减少为 46 个，但在任何情况下，都不可能变为 47 个。也就是说，如果你能按照我的推理方法继续分析，那么，你会发现，白色小球的数量永远都是偶数。

这个事实非常重要，因为我们每操作一步，球的数量都会减少一个。到最后，就只剩一个球。那么，问题是：最后剩下的这个球是什么颜色的？回答：黑色的。为什么呢？因为无论我们怎样从盒子里拿球，白球的数量永远不会是奇数。

这就回答了这个问题。无须做任何实验即可得出答案，而且可以拿出 50 个白色的球和 50 个黑色的球开始尝试不同的可能性。这岂不是很厉害？甚至不需要知道每一步的选择是什么。这是不是很神奇呢？

剪掉的棋盘

数一下图 0–1 棋盘中的小方格，我们会看到纵横各有 8 行（列），共有 64 个小方格。如果将如图 0–2 所示的多米诺骨牌放在棋盘上，一张骨牌正好可以覆盖两个小方格。也就是说，需要用 32 张多米诺骨牌来铺满整个棋盘。

图 0–1　纵横各有 8 行（列）的棋盘

图 0–2　多米诺骨牌

接下来，把棋盘左下角和右上角的小方格各剪掉一个，如图 0–3 所示。

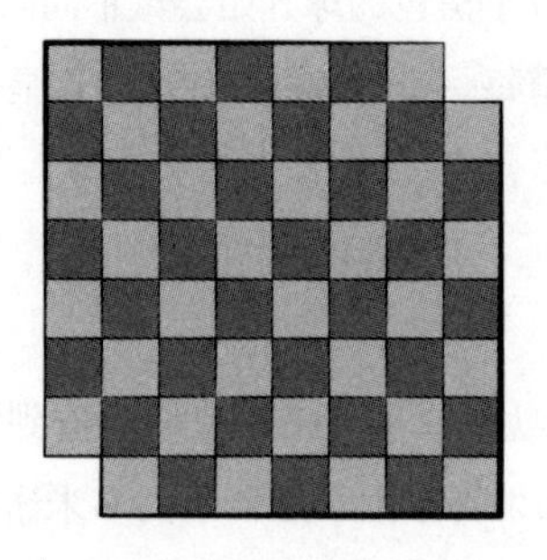

图 0–3　剪掉左下角和右上角两个小方格的棋盘

由图 0–3 可知，现在剩下 62 个小方格。所以，如果我现在想用多米诺骨牌覆盖棋盘，不需要 32 张牌，而是去掉一张牌，即用 31 张牌就够了。

问题：你能制作一个表格或绘一张图来展示你将如何分布这 31 张多米诺骨牌覆盖被剪切后的“新棋盘”吗？

解答

我们从棋盘上剪下的两个小方格是什么颜色的？你可以很容易地验证，它们是两个黑色的小方格。剪切后的“新棋盘”还剩下 62 个小方格，现在白色小方格有 32 个，黑色小方格有 30 个。也就是说，黑白两种颜色小方格的数量不相等了。所以，无论如何分布这 31 张多米诺骨牌，都无法覆盖被剪切后的“新棋盘”。

那么，根据这个假设我们就能够推断出，任何人都不能用 31 张多米诺骨牌摆满这个被剪切后的“新棋盘”。这是一个建立在奇偶性问题上的假设。是不是很神奇？

俄罗斯方块

我几乎确定，你肯定玩过或见到过俄罗斯方块。这是由苏联数学家阿列克谢·帕基特诺夫在苏联科学院计算机中心工作时发明的一款游戏，帕基特诺夫曾在那里从事人工智能和语音识别方面的研究工作。1984 年 6 月 6 日，在帕基特诺夫 29 岁的时候，他推出了这款游戏产品。游戏的 7 个俄罗斯方块，形状不一，如图 0–4 所示。

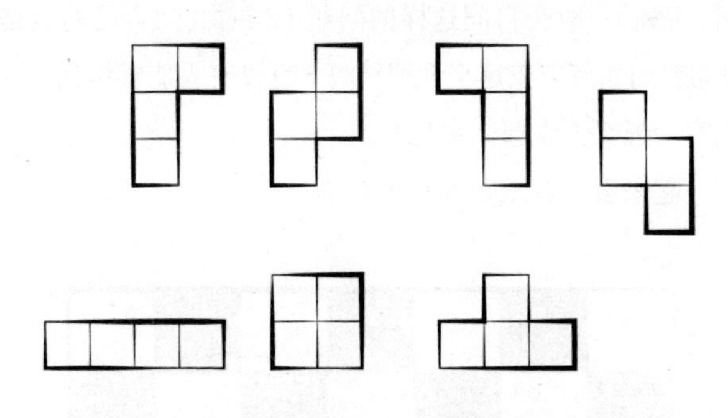

图 0–4　7 个形状不一的俄罗斯方块

每一个不同形状的俄罗斯方块都是由 4 个大小相同的小方块组成。因此，总共有 28 个小方块。

现在，我们准备一个 7 列 4 行的大网格，如图 0–5 所示。

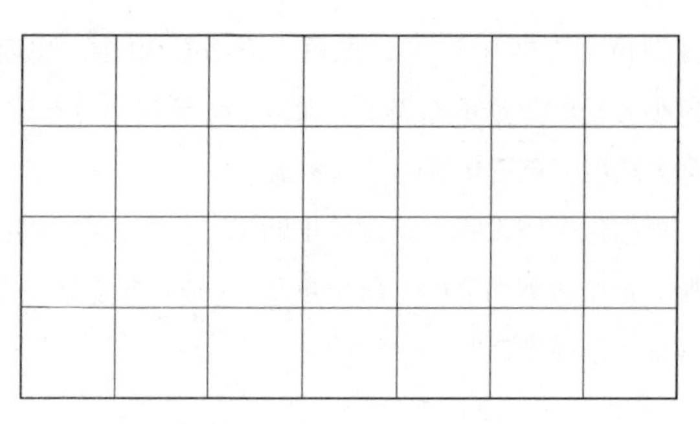

图 0–5 7 列 4 行的大网格

接下来我们采取一种方法，即用 7 个俄罗斯方块把如图 0–5 所示的大网格区域遮盖住。可以看出，这个长方形大网格由 28 个小方格组成，每个俄罗斯方块中的小方块数量是相等的。你能有多少种方法来遮住如图 0–5 所示的大网格？

解答

这时，我们一般会自问这样的问题（当时我问自己的也是这些问题）：我能想到如何覆盖这个大网格吗？有没有人能够做到？该如何证明这一点呢？怎么去说服大家呢？

我们一起来看一看图 0–6 和图 0–7。

图 0–6 由两种颜色的小方格组成的大网格

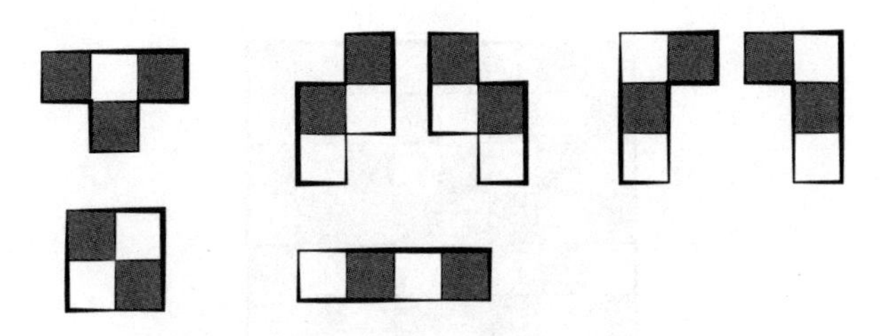

图 0–7 涂上黑色的俄罗斯方块

我把图 0–6 中半数的小方格涂成黑色，剩下的 14 个小方格不涂色。现在图 0–6 看起来像一个黑白相间的“棋盘”。

现在，再看图 0–7，数一数每一个俄罗斯方块中不同颜色的小方块各有多少个。在这些俄罗斯方块中，除了第一个看起来像字母 T 的俄罗斯方块是由 3 个黑色的小方块和 1 个白色的小方块组成的，其他俄罗斯方块都是各由两个黑色的小方块和两个白色的小方块组成。也就是说，这个“棋盘”共有 15 个黑色小方块和 13 个白色小方块。

当我想用图 0–7 中的俄罗斯方块遮住图 0–6 这个“棋盘”时，我发现我无法做到。为什么？因为要遮住这个“棋盘”，就不得不用两种数量相等的小方块来完成。然而这些俄罗斯方块并不能满足这个条件，因为其中黑色的小方块比白色的小方块多。

因此，要想用俄罗斯方块遮住这个“棋盘”是根本不可能的事。你不能，我不能，谁也做不到。

我们再一次用“奇偶检验”的方法解决了一个简单的问题。

走“马”的策略

取一个横竖各由 8 行（列）小方格组成的国际象棋棋盘，如图 0–8 所示。

图 0–8　国际象棋棋盘

你不需要会玩国际象棋，但你要知道“马”这颗棋子在棋盘上的走法。为了便于理解，请看图 0–9。

图 0–9　国际象棋“马”的走法

假设“马”最初在棋盘上标有字母 C 的小方格里，下一步则可以把“马”走到用字母 O 标示的那些小方格里。那么，可以有 8 种走“马”的方法。现在看图 0–10。

按照我说的这个规则，把“马”走到棋盘左下角用字母 C 标示的小方格中。那么，你有办法把“马”从如图 0–10 所示的左下角走到右上角用字母 S 标示的小方格里，而且保证棋盘上“马”走过的所有小方格都不可以再走第二次吗？

图 0–10 把“马”走到棋盘左下角用字母 C 标示的小方格中

在看答案之前，请你先想办法去做一做，并把遇到的困难找出来，最后尝试克服这些困难。

解答

如图 0–9 所示，用字母 C 标示的白色小方格是“马”最初所在栏中。这时，有 8 种走“马”的方法，你也可以看出下一步能把“马”走到什么颜色的小方格中。接下来，每走一步“马”，它都会落到不同颜色的小方格里，即要么从白色的小方格走到黑色的小方格中，要么从黑色的小方格走到白色的小方格中。这样，把“马”走到这些位置都很顺利。

那么，能否采取一种策略，使该棋子只走一次棋盘上所有的小方格？我们从字母 C 所在栏中开始吧。

（1）棋盘上共有 64 个小方格，“马”在其中的一个小方格中，这意味着要把“马”走 63 步才能把它走到用字母 S 标示的栏中。

（2）第一步，把“马”从黑色的小方格走到白色的小方格中。第二步，不管把“马”走到哪里，都是从白色的小方格走到黑色的小方格中。第三步，把“马”从黑色的小方格再走到白色的小方格中。就这样接着往下走。走“马”只要是奇数步数，“马”就会落在白色的小方格中；而如果是偶数步数，它就会落到黑色的小方格中。

我们把（1）和（2）所描述的内容联系起来。请注意，一共要把“马”走 63 步。由于 63 是一个奇数，“马”这颗棋子最终都会落在白色的小方格中，但是用 S 标示的小方格是黑色的。因此，结论是：不可能把“马”走到用 S 标示的小方格中。

要么把“马”越过棋盘的某个小方格，要么重复走某个小方格，否则，无论你选择什么样的策略或路径，永远都不能把“马”走到用 S 标示的小方格中。

自然数比偶数多吗

假设一家电影院准备放映世锦赛的决赛。电影院的老板决定不收入场费。但政府有规定：不允许入场的观众站着观看。所以，进场的每个人都要持有一张票。说到这儿，我提一个问题：你怎样才能知道电影院里是否还有空座位呢？

当然，可以有许多种方法得到答案，例如排队等待，等到该你入场时，如果还有剩余的票，就说明有座位。也可能在你进电影院之前就没票了，这样，你还没到电影院的入口处就知道没座位了。还有一个办法，就是问一下电影院里有多少个座位，然后再数一数排队的人数。

如果不收入场费，或者进入电影院的观众被允许可以站着观影，那就可以让所有在外面等候的人都进去，给每个人都安排一个位置。如果这些人进去前座位都被占满了，说明观众人数比座位数多。如果排队的人都进去了但还有空余座位，说明观众人数比座位数少。如果排队的人都进去了，正好坐满了，没有一个人站着，就说明观众人数和座位数正好相等。最后一种情况是，既不用去数电影院里有多少个座位，也不必去数有多少人在排队，一人一座，一目了然。

按照这个方法，我要提出一个思考题：自然数比偶数多吗？

答案是什么呢？

我们知道，自然数比偶数多，但不是因为偶数是自然数的一部分。偶数不是全部的自然数，因为没有包括所有的奇数。因此，可以肯定地回答：自然数和偶数不一样多。

然而，如果我们重新分析一下排队的观众人数和电影院的座位数，就会发现不需要去查数，只须给每人安排一个座位就行了。反之亦然。但在现实生活中给每个人安排座位或者去查数没有实际必要。

我们借用上面的方法，排列一下数字：把自然数看作排队等候的人数，把偶数看作电影院中的座位数。

其中一个方法是：用数字 1 对应数字 2，用数字 2 对应数字 4，用数字 3 对应数字 6，以此类推，用数字 53 对应数字 106，等等。即数字 n 对应数字 $2n$。如图 0–11 所示。

1					2
2					4
3					6
4					8
5					10
6					12
7					14
8					16
9					18
…					…
23					46
…					…
72					144
…					…
n					$2n$

图 0–11 自然数和偶数的对应排列

与观众排队等待进入电影院而座位又不够的现象不同，每个自然数都可以对应一个偶数。反之亦然，每个偶数都是自然数中的一个。

例如，如果要问 1 472 与哪个自然数对应，只要用 1 472 除以 2 就可以了。我们总能答出来，因为这些数字都是偶数。

如果我们按照同样的思路去想，会得出每个自然数都能对应一个偶数。反之亦然，每个偶数都有一个对应的自然数。也就是说，没有多余的空座位，排队的人也没有多余的，也没有人因无座位而站着。一开始说的电影院可能发生的情况都没有发生过。

无论看起来多么不可思议，我们都可以得出这样的结论：自然数和偶数居然一样多。

确切地说，这种情况只有在数字集合是无穷大的时候才会出现，否则就不能实现。在无穷大“存在”的世界里，也就是你在无法数完这些数的世界里，有可能证明（就像我们刚才所做的那样）有多少个自然数就有多少个偶数。

找到这个问题的答案后，你或许还想知道：偶数是否比奇数多呢？自然数是否多于 5 的倍数？自然数是否多于 7 的倍数？

按照这个思路去想，整数（包括数字 0 和负整数）是不是比自然数多呢？如果我现在要对此进行比较，应该怎样做呢？有理数比自然数多吗？

当你对此确信无疑的时候，可以问自己一些新问题：所有的无穷大都相等吗？是否存在比无穷大更大的其他无穷大？不管你得出了什么结论，所有这些问题都吸引着我们不断地去尝试着解答。

我们可以在书中、互联网上找到答案，或者请教他人得到答案，但除了现成的答案，我们更应该自己去思考。我相信我提出的这个问题值得你去想一想，你也会通过思考这个问题的答案，发现在这个令人耳目一新的无穷大的世界里探究会带给自己巨大的满足感。

希望你能喜欢上述内容，并在解答问题时获得精神上的享受。此外，我还想说：“但愿你在思考这些问题时，和我讲这些内容时的感受一样，乐在其中。”

借此机会我想说，此书可怡情。

第1章　下午好，我可以和中位数对话吗

2018年，《未来的数学》一书在该年度的书展上展出。在书展上，我遇见了两位朋友，特蕾莎·克里克和圣地亚哥·拉普拉涅。他们和我一样都在等着“演示一本书”的活动结束。我们一直在聊几天前我偶然读到的一段文字。现在，也请你加入进来，谈谈你的想法吧。

首先，我要向你推荐一个“游戏”。我们各自随意选出11个正整数。现在我们看一下我准备的数字，你也可以按照要求写出你的那一串数字，例如：2，5，7，14，120，30，230，27，200，15和100。

我们把这些数字从小到大排列。这是我把它们进行排列后的顺序：2，5，7，14，15，27，30，100，120，200，230。

我们从这组已经排过顺序的数字中选出位于正中间的那个数字。由于我们知道共有11个数字，所以把中间的那个数字拿出来后，其左右两边肯定各剩5个数字（左右两边数字的数量相等），因此，27就是位于正中间的那个数字。

你一定能注意到，小于27的数字有5个，它们分别是2，5，7，14和15；大于27的数字也有5个，它们分别是30，100，120，200和230。

那么，在这种情况下，中间的这个数字 27，便有了一个特殊的名称，叫作“中位数”。

很显然，要想找出一组数字的中位数，那就需要把这组数字按从小到大的顺序进行排列。随后，从中找出位于正中间位置的那个数字。这样该数字左右两边数字的数量均相等，左边的数字均小于该中位数，而右边的数字均大于该中位数。

我知道你在想，要想让上述情况发生，一个数字序列必须有奇数个数字，否则就不清楚哪个数字是中位数。但我们可以这样解决：

1. 如果一个数字序列有奇数个数字，那么中位数就很明显，我们只要找出位于这个数字序列正中间位置的那个数字就可以了。

2. 如果一个数字序列有偶数个数字，我们就需要找出位于这个数字序列中间位置的两个数字，并计算出这两个数字的平均值。

例如，按从小到大的顺序列出的一个数字序列：

2，5，7，14，15，27，30，100，120，230

这个数字序列的中间位置有两个数字，分别为 15 和 27。那么，这两个数字的平均值是 21，即（15+27）÷2=21。因此，这个数字序列的中位数就是 21。

讲到这里，你或许会想：中位数有什么用处？对我们有什么帮助？

如果你继续阅读，就会发现：从表面上看，这可能仅仅是一个“游戏”，实际上它能帮助我们计算出一个非常重要的数字。下面，我们一起来看一下。

假设有 100 个人在同一间办公室工作，他们每人每月挣同样的工资：10 万比索。如果问题是“这些人的平均工资是多少？”，我想，你立刻就会答出来，10 万比索。答案正确无疑。

在这种情况下，几乎不需要进行任何计算。通常，要想确定一个数字序列的平均值，只需要把这个数字序列中的每个数字都相加，然后用相加得到的结果除以所有数字的个数。在上述例子中，每个人的工资都相同，因此，无论是 20，100 还是 1000 个人，平均值都不变。

那么，我们来计算下面这个数字序列的平均值：

2，5，7，14，120，30，27，200，15，100

你需要计算一下，这很简单，将第一个数字、第二个数字、第三个数字……最后一个数字依次相加，所有数字相加后的和为 520，这里共有 10 个数字，所以平均值应为 52。

我为什么要讲这个问题呢？

我们再回顾一下上面 100 名员工的例子。他们每人每月的收入是 10 万比索。假设突然有一位员工离职，随后比尔 · 盖茨来这里工作了。员工数量跟以前一样还是 100 人，除了新入职的员工盖茨外，其他员工每人每月的收入仍然是 10 万比索。那么，现在员工的平均收入是多少呢？

其他员工有 99 人，每人每月领取的工资都是 10 万比索，所以他们收入的总和是 990 万比索。现在还差比尔 · 盖茨这位员工，我们假设他每月赚 10 亿比索。那么，我们将 990 万比索加上 10 亿比索，得到的结果是 1 009 900 000 比索，即十亿零九百九十万比索。如此一来，我们该如何计算平均值呢？依照平均值的计算方式，我们要将此数字除以 100，即

$$1\,009\,900\,000 \div 100 = 10\,099\,000$$

和你看到的一样，计算结果显示员工的月平均工资出现了暴增。现在员工的平均工资是 10 099 000 比索，而比尔 · 盖茨没有加入之前，则只有 10 万比索。

计算的结果准确无误，但我们知道，10 099 000 这个数字并不能真实地反映员工的工资情况。一个员工的工资可能与其他同事有天壤之别。因此，尽管按这种方式计算出来的平均工资是正确的，但会给我们造成员工实际工资很高的假象。

那么，还有没有可以避免结果失真的其他计算方法呢？可以说，平均值就是我们熟知的平均数。我们无法更改这个数字，也不能把它根据具体情况进行“调整”。平均值是我们根据定义把它算出来的数字：一个数字序列中所有数字之和除以所有数字的个数。

这时，我们就可以考虑使用中位数，而不是平均数。我们再来看看比尔·盖茨入职后对中位数的影响。

首先，我们来看看比尔·盖茨没有加入之前员工工资的中位数：每人每月收入 10 万比索。与计算所有员工工资平均值的答案一样，他们工资的中位数也是 10 万比索。

比尔·盖茨入职后，同时排除已经离职的一个人，员工仍然有 100 个人，但其中 99 个人每人每月的工资是 10 万比索，而比尔·盖茨每月的工资是 10 亿比索。我们已经计算出了与原来大不一样的工资平均值：每人每月 10 099 000 比索。

你想计算一下比尔·盖茨入职后员工工资的中位数吗？如果你愿意，请你自己先算一算再继续往下读。

我要告诉你：比尔·盖茨入职后，员工工资的中位数仍然是 10 万比索。

因此，比尔·盖茨的入职改变了实际平均工资水平，干扰了要评估的具体信息（办公室员工的平均工资是多少）。从技术上讲，平均值的计算是没有问题的：比尔·盖茨的加入让平均工资上升到每人每月超过 1 000 万比索。也就是说，他的加入会对我们计算平均工资产生影响。但是，如果我们采用中位数，就能避免这样的情况发生。

把这个例子再拓展一下，如果不仅仅是比尔·盖茨加入，蒂姆·库克也加入，现在共有 101 名员工，那么，平均值也会高得很离谱，但员工工资的中位数仍然是 10 万比索。

附言

不管你将来是在报纸上读到，还是在电视上看到，或者是在广播里听到，有人想要评估某个地区、城市或社区人们的平均收入，你一定要明白，这里所谓的平均收入数额（这些数字的平均值）并不是唯一的参考数字。你应该致电提供此信息的媒体，要求他们提供第二个数字：中位数。有了这两个数字，你得出的结论肯定会更贴近实际情况。

第2章　点球规则的提案

法国足球运动员伊斯梅尔说："当甲队取得点球率先开球的机会时，按照现行规则，他们有超过60%的机会赢得比赛。在布拉姆斯看来，不管在什么情况下，仅凭这一点便占据了极大的优势。为此，我们便分析了从1970年到2008年的所有相关数据，包括世界杯、欧洲杯（不仅包括欧洲冠军联赛，而且包括在这块旧大陆上举办的其他足球赛事）、非洲杯、南美解放者杯、南亚黄金杯及南美洲、中北美洲及加勒比海足球协会举办的足球联赛。教练和球员们都非常清楚先罚点球的重要性。在最近一次的正式调研中，超过90%的受访者称，毫无疑问，他们会选择先罚点球。那时，我们明白必须找到其他可替代的方案来消除体育比赛中这种明显不公平的现象。抛硬币的方式不能（也不应该）决定或影响比赛最后的结果。"

伊斯梅尔还说："目前，欧洲足球协会联盟（UEFA）和国际足联（FIFA）正在分析修改点球AB AB AB AB AB规则的可能性，并实施伊格纳西奥斯·帕拉西奥·胡尔塔几年前提出的AB BA AB BA AB（或BA）规则。"

由于国际足联在面对修改规则这个问题上，往往比较传统和保守，因此，对他们来说，这是一个非常重要的改变。

显然，AB BA AB BA AB（或 BA）这样的规则变化是了不起的进步，而且变化很大，但有些东西还不明确，例如，这虽然是一种很好的改进，但只能在进行两轮点球后，才能显现出相对的公平。

现在我能想象出你可能会满脸疑惑地问："两轮？这是在说什么？尽管大体上知道所有的比赛规则，但是'两轮'具体是指什么？"

请你想一想在开局的 5 轮点球中，按照现在常用的规则，10 个点球需要遵循以下顺序：AB，AB，AB，AB 和 AB。我们通常称 A 队和 B 队各踢一球为"一轮"，也就是说，两队各踢第一个点球为"第一轮"。第二轮则又是一对 AB 组合。所以，在目前的情况下，每队有 5 轮 AB 组合的点球机会。

如果有人采用胡尔塔的提议，即 AB BA AB BA AB（或 BA）的规则，两队同样有 5 轮点球机会，但是现在常采用的是 AB，BA，AB，BA 和 AB 的规则。这样一来，甲队仍然占据优势。虽然不像改进前所占的优势那样大，但甲队仍然可以先踢三次，而乙队只能先踢两次。

在这种情况下，虽然按 AB，BA，AB，BA 和 AB 这种顺序比赛看起来是一种无形的"软"因素，但它确实能让其中一支球队占据一定的优势。伊斯梅尔认为这个规则很好，比之前的规则更完善，但要做到真正公平，就必须采取偶数的轮次。但在当前常采用的规则（抑或是改进过的规则）下并不是偶数的轮次，甲队在五轮点球中还是有三次先踢的机会。

那么，还可以再完善吗？从不同的角度分析这个规则后，伊斯梅尔和布拉姆斯建议在 AB BA AB BA AB（或 BA）规则中加入一项内容，即"补偿规则"（这是我自己的理解）。这是什么意思呢？

说到这里，我们先暂停，思考一下上述内容。因为讲这些内容都是为了解释现在国际足联正在研究的点球罚球方式的改进。

好的，我们继续。下面我们采用抛硬币的方式决定哪个队先踢。

假设是甲队先罚球，那么第一轮点球采用的就是 AB 模式。两队开出第一轮点球后，有两种可能：打成平局（0 比 0 或者 1 比 1）；或者其中一方进球，另一方没有进球，即以 1 比 0 或 0 比 1 的比赛结果结束第一轮点球。

因此，有人提议：上一轮输掉的那个球队，应在下一轮先踢。不管是甲队还是乙队，要看哪个队没有进球，那么没有进球的这个队就可以在下一轮先踢，以此来弥补其上一轮的失误。这项规则适用于在上一轮点球中没有踢进去或者球被对方守门员成功扑出的那支球队。

如果出现平局（0 比 0 或者 1 比 1），那么上一轮先罚点球的球队，应在下一轮后发球。这样，无须进一步分析了。总之，如果是平局，上一轮先罚球的球队，应该在下一轮后罚球。如果是他们当中有一队在上一轮得分，那么输球的那一队就在下一轮先罚球。

这样一来，记分牌上比分“落后”的那支球队就能尽快地追赶比分，从而使比赛更有吸引力，也更公平。

伊斯梅尔最后说：“采用这种方式可以使比赛更具竞争力，也让比赛的结果更具吸引力，可以让球员和观众都觉得公平。”

最后

我们不禁要问：“这样做真的更公平吗？”

为了回答这个问题，我们需要去参考数据，而不是提出意见，不管这些意见有多么权威。如果你对这个话题感兴趣，可查看关于这个问题的文章和数据。通过这些文章我们可以了解到，基于这些数据，胡尔塔迈出了巨大的一步。这种改进让我们现在的点球规则更完善，而布拉姆斯和伊斯梅尔所提的建议无疑对胡尔塔的观点具有很大的促进作用。

他们的文章里出现的数据的分析起到了决定性作用。更重要的是，使得“补偿规则”（或称之为“追赶规则”）对于扳平比分非常重要，也使比赛更加公平。

关于点球规则的讨论暂时就说这么多，但我想说：未完待续……

第3章 国家和动物

我们先来做一个游戏。很遗憾，我们没在一起，否则我们可以一起享受玩这个游戏的乐趣。看一看我能不能打动你，让你感觉做这个游戏是值得的。现在，我们开始吧。

接下来，请你按照下面的步骤操作，希望你一步一步地来。

首先，选择自然数1到6中的任意一个数字。然后，用这个数字除以7，并计算出相除得到结果的小数点后前6个数字的和。最后再加11。

我敢肯定你得出的结果是一个两位数。现在，请看下面，我把其中的每个数字与一个字母联系到了一起：

数字0用字母A表示

数字1用字母B表示

数字2用字母C表示

数字3用字母D表示

数字4用字母E表示

数字5用字母F表示

数字6用字母G表示

数字 7 用字母 H 表示

数字 8 用字母 I 表示

数字 9 用字母 J 表示

现在，再看看你一开始算出的那个两位数。假设你算出的数字是 72，7 是第一个数字，2 是第二个数字。

再看看我们上面所列数字与字母的对应关系，其中数字 7 对应字母 H，数字 2 对应字母 C。

在这种情况下，我想让你联想一个以字母 H（与数字 7 对应的字母）开头的国家的西班牙语名称，再联想一个以字母 C（与数字 2 对应的字母）开头的动物的西班牙语名称。或许你给出的答案是：匈牙利和马。

现在，你用一开始算出的那个两位数来试一下。然后你再联想一个国家的名称和一个动物的名称。特别强调，我这里说的名称也都是西班牙语名称。这个国家名称的首字母，是你一开始算出的两位数的第一个数字（十位上的数字）对应的字母。而动物名称的首字母，是你一开始算出的两位数的第二个数字（个位上的数字）对应的字母。

我给你思考的时间。当你有了答案的时候，可以告诉我。

找到答案了吗?

好吧，我敢打赌，我知道你联想到了哪个国家和动物。

你联想到的国家是丹麦，联想到的动物是鬣蜥。

我猜对了吗？如果我猜对了，那么你知道我是如何做到的吗？这到底是怎么回事呢？是不是很有趣？你想自己找出答案吗?

其实，无论你心里想的国家和动物是什么，请注意，我都必须确保你选择的数字和我猜的数字是一样的。

这个数字就是 38，无论你一开始选择 1 到 6 中的哪一个自然数，最后总会得到 38 这个两位数。数字 3 与字母 D 对应（因此，大多数人想到的国家都是丹麦），数字8与字母I对应（我脑海里浮现的动物是鬣蜥）。

一切都很好，但是你一开始选择自然数1到6中哪一个数字都无关紧要吗？也就是说，无论你一开始选择哪一个数字，最后总会得到38这个数字吗？

很明显，答案是肯定的。那么，为什么它们的和都是数字38呢？我们分别来看看这些数字除以7的结果是多少（只取相除所得结果的小数点后前6个数字，不考虑四舍五入的情况）：

$$1 \div 7=0.142857\cdots$$

$$2 \div 7=0.285714\cdots$$

$$3 \div 7=0.428571\cdots$$

$$4 \div 7=0.571428\cdots$$

$$5 \div 7=0.714285\cdots$$

$$6 \div 7=0.857142\cdots$$

我们查看一下每种情况下小数点后的前6个数字：它们总是由相同的6个数字组成，即1，2，4，5，7和8。所以，无论你如何选择，把它们相加所得的和都是27。27再加11，就是38。

一旦你得到38这个数字，便会联想到一个以字母D（对应数字3）开头的国家和一个以字母I（对应数字8）开头的动物。问题是你知道有多少个以字母D开头的国家名吗？以字母I开头的动物名又有多少个？你会很自然地回答：丹麦和鬣蜥。

当然，也有人可能会联想到吉布提或多米尼加，但我们大多数人第一时间想到的都会是丹麦这个国家；联想动物的时候也是这样：你会在回答鬣蜥之前回答白鹮吗？我甚至不确定大部分人是否知道白鹮是什么（我不得不去维基百科查询）。

通过这种方式，使用常规算法（在自然数 1 和 6 中选择任意一个数字，然后用这个数字除以数字 7），你可以耍一个看起来就像魔术一样的把戏。这就好像我能读懂你的想法一样。

第4章　魔方[①]

请仔细看如图 4–1 所示的这幅名为《忧郁症 I》的画。

图 4–1 《忧郁症 I》

① 2011 年 7 月 18 日，星期一，巴勃罗·奥滕斯坦给我发了一封电子邮件，分享了一道数学题，其标题是“丢勒的魔方”。我一直没有花时间去寻找解答方法。直到 2018 年 5 月底（将近七年后），我把这个机会毫无保留地让给你，让你可以像我一样有机会从这些神奇的数字运算中享受乐趣。

这幅画是德国著名艺术家阿尔布雷特·丢勒在文艺复兴时期（1514 年）绘制的。在这幅画的右上方，在一个看起来像铃铛的物体下面，有一个正方形，它被分成了一个 4 行 4 列的小方格，我们在画中很难发现它。更重要的是每个小方格里都有一个自然数，共有 16 个自然数，即从 1 到 16，如图 4–2 所示。

图 4–2 《忧郁症 I》中的正方形

我建议你现在看一看这些数字的分布情况，如图 4–3 所示，就会发现这些数字的分布藏有一些玄机。我按照以下思路去探究，也请你和我一起尝试着找出答案。如果你继续深入观察，会发现所有的这些现象是多么有趣。现在，就看你的了……

16	3	2	13
5	10	11	8
9	6	7	12
4	15	14	1

图 4–3 分布着自然数 1 到 16 的正方形

（1）计算出各行中数字的和，即

16+3+2+13=34

5+10+11+8=34

9+6+7+12=34

4+15+14+1=34

（2）计算出各列中数字的和，即

16+5+9+4=34

3+10+6+15=34

2+11+7+14=34

13+8+12+1=34

（3）计算出四个角所在小方格中数字的和，即 16+13+4+1=34。

（4）将四个角按顺时针方向（向右）旋转，如图 4–4 所示。

16	3	2	13
5	10	11	8
9	6	7	12
4	15	14	1

图 4–4　将四个角按顺时针方向旋转

旋转后四个角所在小方格中不再是数字 16，13，1 和 4 了，而是数字 3，8，14 和 9，把它们相加，即 3+8+9+14=34。

（5）请再旋转一次，如图 4–5 所示。

16	3	2	13
5	10	11	8
9	6	7	12
4	15	14	1

图 4–5 将四个角按顺时针方向第二次旋转

现在的数字是 2，12，15 和 5，把这几个数字相加，即 2+5+12+15=34。

（6）如图 4–6 所示，将中间 4 个小方格中的数字 10，11，6 和 7 相加，即 10+11+6+7=34。

16	3	2	13
5	10	11	8
9	6	7	12
4	15	14	1

图 4–6 中间 4 个小方格中的数字

（7）如图 4–7 所示，将第一列中间两个小方格中的数字 5 和 9 与最后一列中间两个小方格中的数字 8 和 12 相加，即 5+9+8+12=34。

16	3	2	13
5	10	11	8
9	6	7	12
4	15	14	1

图 4–7 第一列中间两个小方格中的数字与最后一列中间两个小方格中的数字

（8）如图 4–8 所示，将第一行中间两个小方格中的数字 3 和 2 与最后一行中间两个小方格中的数字 15 和 14 相加，即 3+2+15+14=34。

16	3	2	13
5	10	11	8
9	6	7	12
4	15	14	1

图 4-8 第一行中间两个小方格中的数字与最后一行中间两个小方格中的数字

（9）如图 4-9 所示，计算从左上角到右下角对角线上分布的小方格中的数字 16，10，7 和 1 的和，即 16+10+7+1=34。

16	3	2	13
5	10	11	8
9	6	7	12
4	15	14	1

图 4-9 从左上角到右下角对角线上分布的小方格中的数字

（10）如图 4-10 所示，计算从右上角到左下角对角线上分布的小方格中的数字 13，11，6 和 4 的和，即 13+11+6+4=34。

16	3	2	13
5	10	11	8
9	6	7	12
4	15	14	1

图 4-10 从右上角到左下角对角线上分布的小方格中的数字

（11）如图 4-11 所示，在大脑中创建两条假想的对角线，对角线贯穿 3 和 5 及 12 和 14 所在的小方格，并始终从右上方到左下方，计算数字 3，5，12 和 14 的和，即 3+5+12+14=34。

16	3	2	13
5	10	11	8
9	6	7	12
4	15	14	1

图 4–11　大脑中创建贯穿 3 和 5 及 12 和 14 所在小方格的假想对角线

（12）如图 4–12 所示，像上面的做法一样，但这次是从左上方到右下方，创建贯穿 2 和 8 及 9 和 15 所在小方格的假想对角线。计算数字 2，8，9 和 15 的和，即 2+8+9+15=34。

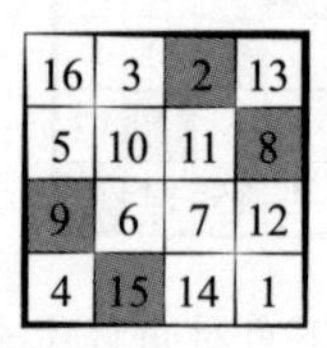

16	3	2	13
5	10	11	8
9	6	7	12
4	15	14	1

图 4–12　大脑中创建贯穿 2 和 8 及 9 和 15 所在小方格的假想对角线

（13）丢勒于 1514 年创建了这个正方形。西班牙语“正方形”的首字母 C 是字母表中的第 3 个字母。名字“丢勒”西班牙语的首字母 D 是字母表中的第 4 个字母。用 3 和 4 这两个个位数组成了数字 34。

丢勒的画中出现的这种正方形被称为魔方。我们发现上面提到的所有计算，其结果都是 34。现在，请你思考以下几个问题。

1. 你能找到更多的魔方吗？

2. 这些魔方必须是 4 行 4 列吗？

3. 如果我选择数字 72，能否找到一个相应的魔方，在计算行、列及对角线上小方格中数字的和时，得到的数字都是 72 呢？

4. 我选择其他任何自然数，都可以找到一个相应的魔方吗？

即使你找不出更多的数字组合构成新魔方，我也相信你找出的数字组合会比我在本章中给出的数字组合更有趣。我知道能够用数字配成魔方的唯一方法是去尝试，是要经历一些失败。好吧，你也可以看看其他人是怎样观察和思考这些数并进行排列组合的，但我还是要再问一句：进行这些排列很有趣，是吧？

如果你有更大的兴趣继续研究这个问题，可以先查看一下维基百科上的这个网址：https://es.wikipedia.org/wiki/Cua drado_mágico。

第5章　间谍（一）

当你授权并打开自己手机上的一个应用程序时，你会允许应用程序访问哪些内容？

几乎所有拥有手机的人，都可以选择下载自己认为有用的应用程序。你知道，不管是哪个应用程序，都可以下载。很多时候，我们并不太在意下载时需要注意哪些“细则”，只想获得快捷的访问和满意的使用体验。

例如，为了让你更清楚地了解这一点，想想你是怎么使用Facebook、Twitter、Instagram、Snapchat、LinkedIn、Google、WhatsApp、Viber等应用程序登录自己的账号的？

那么，现在我们假设如果那个应用程序要求访问你的相机，你点击了“允许”，让它继续。从那一刻起，你已经授权给它使用下列功能：

1. 使用你的两个摄像头（如果你手机上有），一个前置摄像头，一个后置摄像头。

2. 如果你开启App，摄像头会全程录制你在任何时候的活动，哪怕你没有打开摄像头，它也会关注你的活动。我们称之为“偷拍”。

3. 在没有获得你许可或者告知你的情况下拍照和录制视频。

4. 将照片或视频立刻上传到云端。

5. 利用上传的照片或视频，让进行面部识别的程序发现并储存刚刚上传到网络上的数据。

手机上应用程序正在做的所有的这一切，也许你都不知情。这是一个完全无声无息捕获信息的过程，并且在你毫无察觉的情况下进行。

特别是，如果你曾经授权某个你使用的应用程序创建个人信息、上传头像或照片，请尽快把这些数据信息删除。因为从那一刻起，你所做的一切包括你发送的信息、查看的内容、注册的信息、录制的视频等，都将不再属于你一个人，而是会有更多的人将其保存或永久地储存起来。

当然，一旦录制了有你出现的视频，那么该视频就会提供关于你的很多画面，这些画面可用于在线“跟踪”，并从“云端”或其他任何地方提取出看起来像你的所有图像或照片供他人浏览。此外，使用这些数据，能够快速创建出你的三维图像。举个例子，想想当你进行 CT 扫描时会发生什么。CT 扫描仪对你身体的某个部位进行断面扫描，然后将所得到的图像数据全部放在一起形成了三维图像。好吧，既然身体上的器官可以这样扫描，那么，同样也可以运用该技术设法获取你的所有信息进行“粘贴”，并将其展现给他人。

另外，我不知道是否需要讲这方面的内容，为了以防万一，还是得讲一讲。如果你经常，或者偶尔，或者曾经把自己的手机或平板电脑带到浴室，你就要知道，你在浴室的一切景象都可能会被拍摄下来。现在，你可能会想，有谁会对你感兴趣呢？你想得对，我不感兴趣，但并不意味着别人也不感兴趣。虽然我不知道原因，但是有人可能感兴趣，这一点你应该知道。更让人意想不到的是，这些个人信息可能会被所谓的流式视频现场直播。那么，谁会对浴室中的你感兴趣呢？谁知道呢！

当你使用不同的应用程序时，你不得不授权其访问你的联系人、个人信息、电子邮件、照片、视频及储存在你手机中的其他任何类型的信息。正如我读过的令人印象深刻的文章（下面你会找到相应的链接）的作者所建议的那样，如果你想试着保护自己，至少要用绝缘胶带（如电工使用的胶带）或类似的东西盖住你的手机摄像头，还有必要拒绝一些应用程序访问你手机中的某些数据。我不认为这些措施会保证你的个人信息不会泄露，但总比不做好。

此外，正如克劳斯建议的那样，在手机屏幕上设置一种提示标记，这样可以提示你手机中的两个摄像头中的任何一个摄像头是否正在使用中。如果手机的使用者不是你，你就会知道为什么让你这么做。

如果你会英语或者能获得其翻译版本的文章，就能从下面的链接中找到克劳斯提交给苹果公司的报告：https://openradar.appspot.com/radar?id=5007947352506368。另外，通过链接 https://github.com/KrauseFx/watch.user，你可以将自拍的照片上传，相信你可以做到，并且你会立即发现自己的自拍照几乎已经全部被“发布”在“云端”上了。虽然我没有这样做，但我知道有人这样做过。你也可以去验证一下。

还有一个网站 https://github.com/KrauseFx/user.activity，它试图回答下面这个问题：“用户都在做些什么事情？”对于类似的疑问，你将会是给出答案的用户。

1. 输入 https://www.youtube.com/watch?v=NpN9NzO4Mo8 这个网址，会看到一个特别的视频。它是 2016 年 12 月 13 日发布的，时长为 21 分 29 秒，虽然播放视频的时间不及放映一部电影的时间长，但作为短视频，这个视频的播放时间算是很长了。这个视频是由一位非常年轻的荷兰导演安东尼·范德米尔拍摄的，他除了擅长制作、剪辑和拍摄之外，也很精通手机技术。

假设有人偷了你的手机，或者不小心把手机弄丢了，理论上来说，你可以利用自己手机上的一个应用程序跟踪到手机的所在。范德米尔找人偷走了他的手机，当时他已经做好了准备通过这部手机跟踪“小偷”，并看看到底发生了什么。当然，这只是一个普通的案例，不可能从中推断出任何严重的事情。然而，我感兴趣的是向你分享这些技术的过程中可能会发生的事情。例如，“小偷”偷走手机可能是为了把它拆开后出售零部件，就像汽车的偷盗案件一样，小偷把汽车上最重要的零部件都拆走了。这种案子过去发生过，现在仍然还在发生。

2. 你一定记得爱德华·斯诺登。我认为他在谴责美国政府机构对本国公民进行监视后仍滞留在俄罗斯。斯诺登透露，存在一个名为“棱镜”的程序，该程序可以做到每五分钟从雅虎用户那里收集一次照片。“棱镜”也会保留雅虎的用户和其他人进行视频通话的一些照片。根据英国《卫报》的报道（英国和美国一样，至少他们公开是这么说的，他们相互共享他们的基本数据库），有3%到11%的照片是“不雅的裸体照片”。

3. 政府部门已经对关于手机是否保留“系统后门”的问题讨论过很多次了。这些程序直接被内置到我们的设备中，我们却全然不知，至少大多数人是这样。有些机构有权力使用这些入口进入你的手机设备中并访问你的个人信息，这样一来，他们可以在你完全不知情的情况下，把这些程序嵌入你的通话、视频、消息、照片等中。

4. 虽然这看起来很愚蠢，但我还是要提醒你，不要把你的密码告诉任何人！即使他们以一种友好的方式向你索要密码，并且你认为他们是为你提供服务的公司和个人。这毫无异议，要永远说“不”，因为没有哪家公司和哪个人被允许索要你的密码。因此，如果有人索要你的密码，相信我，他们肯定想要得到关于你更多的信息，你一定不能告诉他们。

附言

现在是时候把全部功劳给予英国记者迪伦·柯伦了。[1]他公开发表的文章及他的视频资源让我能够写出本章的内容。正如他所说："这就像是一个妄想症患者，醒悟时却为时已晚。"我与他的想法完全相同：我们要提醒手机用户在使用手机时应该注意的问题，请他们在每次使用手机时"慎重考虑"是否使用手机的各项功能，并做出正确的决定。

五十多年前，阿根廷一部由雷蒙德·伯尔主演的黑白电视剧《梅森探案集》再现了这一幕。检察官询问了每个证人后，走到自己的座位上，看着辩护律师的脸说："轮到你了，梅森先生！"也就是说，现在事情已经摆在你面前了。你会怎么做呢？我认为这个问题将是开放性的，至少现在是这样。

---

① 参见网站 https://www.theguardian.com/commentisfree/2018/apr/06/phone-camera-microphone-spying?utm_source=pocket&utm_medium=email&utm_campaign=pockethits。

第6章　间谍（二）

如果你对关于间谍的这个主题感兴趣，建议你跟着我的思路走。你可以使用下面这些网址，并把它们当作指南，因为这些网址是我使用的活动路线图，我肯定你也有自己的路线图。我们继续往下看。

1. https://www.google.com/maps

在登录谷歌地图网站后，你可以访问历史记录，它以记录活动轨迹的方式记录下了你的日常活动，包括你去过的所有地方，无论是步行、乘飞机、乘汽车，还是乘公共汽车，此外还有你在每个地方逗留的时间。该网站会收集你所有的日常信息，把你去过的每个地点的次数和你在那里逗留的时间都列出来。举例说，一个人睡觉的地方自然是他最常去的地方之一，也是他停留时间最长的地方之一。同样的事情也会发生在工作中，如果你有一份固定工作，或者把一天中的大部分时间都花在工作上，无论是办公室、工厂还是小学或大学，也会是你最常去的地方之一。在周末时，这种与日常工作时出行地点的变化很容易被网站注意到。

2. https://myactivity.google.com/myactivity

你在互联网上的所有活动都被记录在这个网站上，包括你访问过的页面及收发过的电子邮件。如果你允许我补充一点内容，你可能会被吓到。页面标题中说你是唯一可以访问这些数据的人。这可能是真的，但如果你是唯一可以访问该页面上数据的人，你又怎么能知道其他人无法访问存储在那里的信息呢？

还有，在这个网站上还列出了你使用过的所有应用程序，无论是WhatsApp、ESPN、Snapchat、Instagram、Twitter、你正在阅读的报纸、用于查找信息的应用程序、你在谷歌上搜索过的网址……你是否想让我接着往下说？还有一件事：在手机上，我口述一个句子，就可以将它转换成文字发送出去。无论如何，请让我把个中隐情讲出来。令我惊讶的是网站可以录制我讲的内容，而且几乎在同一时间把这些内容转换成文字信息，还可以翻译出来。你难道不想关注一下吗？

3. https://myaccount.google.com/security

此页面允许你设置所需的“安全”级别，并要求谷歌保护你的隐私。它能够显示并列出你使用的所有电子设备，即你使用的手机、计算机、笔记本电脑和平板电脑等。这些电子设备都在被设置范围内。当然，还能显示你使用这些电子设备的日期，甚至能显示你从第一次到最后一次使用它们的记录。

4. https://www.youtube.com/feed/history

在这个网站上，你会找到自己使用YouTube服务的所有时间段，并能看到相关的历史记录。由于我很少使用这个网站，因此可给大家展示的实例不多。但是，当我和我的朋友艾丽卡一起搜寻查看能找到什么的时候，令她感到惊讶的是，在记录中有关于她的大量视频，还涉及许多细节。我再次说明，我的经验不会给你提供太多帮助。我能给你的最好建议是你自己去试试。相信我，你会感到惊讶的。

5. https://support.google.com/accounts/answer/3024190?hl=es

这个网站也令人印象深刻。谷歌有一个恢复数据的功能，它可以帮助你恢复你曾保存过的所有数据。当然，如果你经常使用此浏览器，那么，有一点可能很重要——你的电脑必须有足够大能够用于恢复所有内容的内存。你能确保硬盘有足够大的空间，或者你要准备一个容量比较大的移动硬盘或类似的设备，这样你就可以存储足够多的内容。

令人难以置信的是，你将会看到自己共享的数据量。这令人震惊！如果我能为你提供一些建议，那么该网站你不应该错过。的确是这样，在不久之后，你会需要这个网址。你访问过的所有网址、你的电子邮件、联系人、YouTube视频，甚至你用手机拍摄的照片都会出现在这个网站上。这听起来很荒诞。实际上不是这样，哪怕你把那些照片丢弃到垃圾箱里或者删除，你仍然可以通过这个网址找到它们。当然，还有你收到的图片，你的日历、购买的书籍、参加过的团体活动，你今天或某个时间拨打过的电话号码、每天步行所走的步数……还要我继续往下说吗？

在这里我不得不停下来查看一下。脸书提供的服务与我刚刚描述过的谷歌的服务相同。由于我不使用脸书，没有脸书账号，因此无法查看它们。但是，艾丽卡向我展示了她通过脸书发送或接收的所有信息和文件，上面都有她手机上联系人的信息。也就是说，你发送或接收的所有音频消息，你登录脸书账号的所有时间段、登录的地点、访问账号的时间，以及你通过什么设备登录，都会被记录下来。就像谷歌一样，脸书记录了你在过去十年中的每一个操作。

还有一种情况：脸书还会保存你在登录账号时使用的所有应用程序，因此，它可以猜测你对政治问题感兴趣的程度，或者你是否对图形设计更感兴趣。还会知道你是否单身，或者你是否对任何帮助你寻找伴侣的服务感兴趣。

总而言之，至少我在尝试提醒你。他们可以扒出你近十年的生活轨迹，甚至你已安装或卸载的应用程序及操作时间，原因是你使用过它们。正如我之前说的，他们也可以访问你的网络摄像头和麦克风，看到你的联系人、电子邮件、日历，所有接听和拨打过的电话记录，通过短信发送或接收过的文件，你在互联网上下载过的照片、视频、音频、音乐及你正在收听或收听过的广播电台，当然还有你在近十年中的所有搜索记录。

如果一个人认为每次让互联网连接自己的任意设备，如计算机、笔记本电脑、平板电脑、手机等，是在不断地添加自己的个人隐私信息，那么他可以选择不这么做吗？我之所以这样说，是因为即使从今天起我们想避免留下痕迹，但这些信息还是会被保留下来。

一方面，你确定自己可以在没有网络的情况下生活吗？另一方面，如果谷歌知道你在哪些地方度过了大部分时间，在哪里睡觉，在哪里吃晚餐，在哪里吃午饭，闹钟设置的时间，在哪里度过了周末，平时听什么音乐，什么时候去睡觉，都吃什么样的药，买了什么饮料，等等，你要突然改变这一切吗？也就是说，从今天起你不仅要断绝所有与互联网有关的联系，还要改变自己的生活方式，因为到目前为止你一直都在互联网上留有数据。你认为这样做了以后谷歌就跟踪不到你，找不到你，不知道你确切的方位了吗？

当你认为一切都是免费的，并且一直都是免费的时候，你就犯了一个错误：其实，产品是我们自己。我甚至认为，我们一直使用的这些应用程序对我们的了解胜过我们对自己的了解。

和你一样，我也有很多问题要问，但我认为最重要的问题是：他们可以用这些信息做什么？他们掌握的所有这些数据对我们有什么影响？他们能预测什么？或者更确切地说，我们留下的数据是如何被使用的？到现在为止他们使用这些数据对我们做了什么？是的，我们有选择的自由，但我们却不知道自己会在哪些地方被别人选择。

这有多危险？所有这些信息都掌握在谁的手中？谷歌和脸书说只有我们有权访问，确定是这样吗？那么，“剑桥分析”[①]发布的分析报告又是从何而来？如果这些信息能对美国大选的事件产生如此大的影响，那么我们还能剩下什么？

如果出于自己年龄的原因，你决定什么事情都不做，你也没有退路了。那么，又该如何保护儿童呢？你怎么想？

---

①“剑桥分析”是英国一家数据分析公司，它因在美国总统大选期间用不正当方式获取了大约8 700万名脸书用户的信息帮助唐纳德·特朗普竞选总统而出名。

第 7 章　1783 年的法国人口

我想先谈一下大约在 15 年前我写过的一篇文章，题为《如何估算出池塘里鱼的数量》。[①]

至少在数学领域，我们的教育系统最大的缺陷之一是没有教会我们如何推算。

原则上讲，我们学会的一些推算方法有助于增加自己的常识，例如，一个城市有多少个街区？一棵树有多少片叶子？人一生平均能活多少天？建造一座建筑需要多少块砖？有多少人参加了示威游行？你这一生看过多少部电影？一个街区有多少棵树？公园里有多少棵树？

我们从一个很具体的问题开始，如果你继续阅读，就会发现有一个令人意想不到的推理方法能解决这个问题。现在和我一起开始吧！

假设你在池塘附近看到有人在钓鱼，那么你怎样才能估算出池塘里总共有多少条鱼呢？

我再次强调，是估算而不是去数。这就要用到一种估算方法。例如，我们可能会猜想池塘里有 1 000 条鱼，或者有几百万条鱼，怎么猜

---

①《如何估算出池塘里鱼的数量》，出自我的《哪里都有数学吗》一书，布宜诺斯艾利斯，二十一世纪出版社，2005 年，第 132 页。

都可以。但是，如何做才能与正确答案接近呢？

这就是我想和你一起思考的问题。假设你从渔民那里借来一张渔网。我们打算用这张网捕捞 1 000 条鱼。当我说捞鱼的时候，我想表明的是我们只想把鱼捞上来，而不是把鱼杀死。我们的想法是首先给鱼涂上颜料，而且要选用遇水不褪色的颜料，然后尽快将它们放回水中。当然，任何一次捕捞并涂上颜料的鱼的数量都是一样的。为了验证这个想法，假设我们给鱼涂上了黄色颜料。

我们把这些鱼放回水中并等待一段合理的时间。你可能会问："合理"是什么意思？好吧，"合理"的意思是我们给它们足够的时间，让它们再次与所有未涂有颜料的鱼混合。也就是说，等它们和生活在水里的其他鱼均匀分布。

一旦确定，我们就用和之前一样的方法（如用渔网）再次捕捉 1 000 条鱼。很明显，我们现在捞上来的一部分鱼可能已经被涂上了颜料，还有一部分鱼没有被涂上颜料。为了方便计算，我们假设，在我们刚刚捕到的 1 000 条鱼中有 10 条鱼被涂上了黄色颜料。

根据以上假设，我们可以推断出：每 1 000 条生活在池塘里的鱼中有 10 条鱼被涂上了黄色颜料，也就是说被涂上黄色颜料的鱼占到鱼儿总数量的 1%。虽然我们不知道池塘里总共有多少条鱼，但我们知道有 1% 的鱼被涂上了黄色颜料。如果要捕捞出 1 000 条被涂上了黄色颜料的鱼，那么池塘里需要有多少条鱼才可以呢？这就必须用到我们过去在学校里学到的"交叉相乘"或"线性外推法（归纳法）"。答案是：可以推算出池塘中总共约有 10 万条鱼。注意，正如预期的那样，1 000 是 10 万的 1%。

用这种方法推算出的答案显然不准确，但也差不了多少。虽然用这种方法不能帮助我们推算出确切的答案，但提供了一种预估方法。由于现实生活中不可能数出池塘里所有鱼的数量，所以需要推算出一个让人感觉合理并愿意接受的答案。

我为什么要提到这种看起来如此原始的估算方式呢？因为虽然

这种方法看起来令人难以置信，却被历史上最优秀的数学家之一皮埃尔·西蒙·拉普拉斯使用过。[①]

拉普拉斯在数学方面，尤其是概率领域和推广著名的贝叶斯定律方面，做出了非凡的贡献。他还在天文学、物理学领域取得了巨大成就，尤其是论证了他自己提出的看起来不可能实现的推理。但我想用前面估计池塘里有多少条鱼的例子来说明拉普拉斯在 1783 年对法国人口的统计是合理的。

要知道，我们现今使用的人口普查方法在 18 世纪是行不通的。我们把上述估算池塘里有多少条鱼的方法称为“捉放法”。这种方法非常简单，但需要足够多且能随机选择的样本数据，这些数据不可或缺。也就是说，样本数据的随机性很重要，据此得到的结果也更加准确。

如果要统计法国人口的数量，就有必要连续抽取两组人的数据作为样本。一方面，要注意给第一组样本中的成员做“标记”，以便在组内易于识别他们，与第二组样本中的成员进行区分。另一方面，应假设需要估算的总人口数在第一个样本和第二个样本中不会发生实质性变化。此外，所选出的人员在两个样本中被选中的概率必须相同。

拉普拉斯是如何选出并标记第一个样本中的人呢？当时的法国，虽然没有人口普查，但每个社区或村庄都对每年出生的婴儿做了登记。所以，这些婴儿是第一个样本中的成员。为了提高准确性，他将获得的 1783 年的登记数据与 1783 年前两年内出生的婴儿数进行了平均取值。

拉普拉斯使用的数据是：973 045.5 个婴儿。数据看起来似乎有点可笑，但为了尽可能使计算更加准确，他要算出平均值，甚至将还没出生的婴儿也计算在内。接着，他估算出了新生婴儿占总人口的比例，

① 我们曾在一些文献中应用过拉普拉斯所使用的这种方法。这些文献都来自海梅·阿莫罗斯，他曾于 2014 年 7 月 16 日在英国皇家统计学会发表的一篇论文中应用过这种方法。文章的英语 pdf 版链接为：https://rss.onlinelibrary.wiley.com/doi/full/10.1111/j.1740-9713.2014.00754.x。

得出的这个比例就是他需要的第二个样本的原始数据。

虽然不是所有的社区或城镇都有他需要的数据，但还是有一些镇长（当时的称呼）不仅记录了每一个“所管辖镇”的人口数，也记录了那个特定年份的出生人数和死亡人数。这正是拉普拉斯需要的数据。他设法将所有社区的数据汇总在一起。为了尽可能地减少误差，他算出了总人口数与出生人数之间的平均比例。当然，由于条件有限，误差不可避免，因为不同地区上报的数据似乎有点“不可接受”，有些甚至是跨年度的，但确实降低了差错率。我想在此着重指出的是，拉普拉斯最终统计出的结果是：每 26 个人生育一胎。因此，平均人口数为 52 个人的地区每年会有两个孩子出生，而有 104 个人的地区每年会有 4 个孩子出生。我认为这一点是清楚的。

在这一点上，拉普拉斯不得不接受在推算池塘里有多少条鱼时所做的那种假设：在第一个样本和第二个样本中取样，样本不能发生实质性变化，并假设出生人数和死亡人数比例相等。拉普拉斯不得不接受在假设中加入其他因素（当然，这已无法验证）：出生人数和死亡人数在法国不同地区将保持不变。显然，在他必须做的所有假设中，这是最“有争议”且最难被验证的，但他需要使用这种假设，否则他将无法得出任何结论。

从这里开始，剩下的计算就很简单了。将 973 045.5 乘以 26 就能大概得到拉普拉斯正在统计的人口总数：25 299 417 人。

不要以为我没有发现拉普拉斯在估算过程中必须采取的多个“妥协”办法和策略，估算池塘中鱼的数量也是如此。显然，我们可以使用“捉放法”估算特定地区鲸的数量或蒙得维的亚市鸽子的数量，或者用这种方法估算糖尿病患者的人数。

如今，人口普查的方法更加复杂，也更加有效。但是，从概念上讲，它们都是以本章介绍的方法为基础。简而言之，关键在于数据收集，而不是复杂的数学运算。“交叉相乘”或“线性外推法（归纳法）”难道不是你在上小学时就学到的方法吗？

第 8 章　索菲娅·柯瓦列夫斯卡娅的故事

那是一个与人类以往的历史不同的时期。在地球上的每个地方，都有很多捍卫妇女权利的示威活动。无论从哪一方面看，总有一段故事来描述它。我说的不仅仅是那些性虐待行为，还包括其他的虐待行为，如用一切可能的方式对女性进行贬低或诋毁。

我很想给你讲一讲我母亲的故事。她是波兰移民，为了从那次危及全家人性命（我父母和我父母的兄弟姐妹得以幸免）的灾难中逃离，她在 1934 年抵达阿根廷。七年前，也就是 1927 年，我的外祖父曾独自一人去了阿根廷。他抵达布宜诺斯艾利斯，去了查科的安格拉别墅。为了能把全家人从纳粹分子的手中救出来，到那里之后，外祖父试图筹集足够的钱把他们带出波兰。1934 年年初，他终于成功了！他把攒够的钱寄给了自己七年都没有见到的妻子和三个孩子。我母亲和母亲的直系亲属的旅程始于他们曾居住的村庄——别列日诺，那时它还属于波兰，但随着时间的推移，它“属于”不同的国家了。他们登上了前往华沙的火车，然后继续乘火车前往巴黎，最后到达瑟堡港。在那里，他们乘坐一艘名为阿尔坎塔拉的英国籍船。他们坐的是三等舱。我的母亲曾回忆说，她收到了一本她珍藏了一生的很特别的书——写有献词的《汤姆叔叔的小屋》。这本书我们保存至今，它是我们与那次旅行的唯一见证。

虽然这与我想在下面讲述的故事没有直接联系，但我想分享两个特别的时刻。第一个时刻的故事发生在巴西。我母亲曾经给我讲述了他们几个人在一次转乘中遇到的一件事情。当他们几个人抵达里约热内卢的时候，就有一群人来到港口。我母亲他们不知道发生了什么事，为什么会有这么多人聚集在一起等船。她后来发现，这艘从欧洲驶来的船上有当时的巴西总统热图利奥·瓦加斯。我母亲一家人和总统同乘一艘船，一共 21 天。原来这么多人聚集在码头是为了欢迎总统归来。

随后，我的母亲、外祖母及母亲的两个兄弟一起前往查科的安格拉别墅见我的外祖父。但是，发生了意想不到的一幕：与亲人分离了七年之久，相聚却只有七个星期，因为我的外祖父得了肺炎，很快就去世了。

他们中没有一个人会说西班牙语，又是远渡重洋移民过来，也没有任何人从事正式工作，他们处于绝望的境地。

于是他们回到阿根廷首都，定居在克雷斯波街区附近，那里是犹太移民最集中的地方。而我的外祖母还是想回到波兰。

在一次家庭会议上，我的母亲站起来争辩说："你们想回就回吧。我哪里也不去。我要留在这里。"就这样，他们留了下来。

多亏了我母亲勇敢地做出了那个决定，我才能继续写出下面这段故事来。我的这些家庭成员还健在，而战争夺走了其他亲人的生命。

现在我要详细地把关于我家庭的这段故事讲完。那时，在我母亲一家人到达阿根廷几个月后，他们还没有完全融入当地社会，就再次遇到了大规模的游行示威活动，聚集的人数多到难以置信。

成千上万的人开始在科伦特斯大街上聚集。了解阿根廷首都的人都知道（如果你不了解，也没关系），维拉·克雷斯波别墅区是离阿根廷最大的公墓拉·查卡里塔很近的地方。

这次的示威活动，既没有总统，也没有其他政治人物参与。1935 年 6 月 24 日，卡洛斯·加德尔在一次飞机失事中死亡。八个多月后，也就是 1936 年 2 月 5 日，一个阴雨连绵的星期三，在走完那些“烦琐的官方程序”后，我们边哭边唱着当地最著名的哀歌，“步行”去安葬了加德尔。

这两件事在我母亲心里留下了永久的烙印，但她知道我觉察不到这些。她不想生活在男人的“庇护”下，那会让她感觉自己很微不足道。

不管怎样，在我的家里，我的父母不仅是夫妻，而且是志同道合的朋友，他们两个人维护着一家人的利益，这一切都很清楚。

我母亲教我开车，教我音乐，带我去学习滑冰，虽然布宜诺斯艾利斯并不下雪。

虽然我母亲大学没毕业，但后来她成了记账员，还是妇女权益的捍卫者。我父亲也没读完大学。我很荣幸，我和我的妹妹有这样的父母，使我们远远地走在他们那个时代的前面。

更不用说他们都来自背景大不相同的家庭：我的父亲出生在意大利的一个天主教家庭，他曾在教堂里当过侍童；而我的母亲，我刚才提过了，是波兰籍犹太人。但不寻常的是他们俩都是无神论者，也是共产主义者和工人利益的捍卫者。两位老人给我们的教育不仅让我们感到骄傲，也让我们和其他孩子一样，知道应该守规矩，不做出格的事情。

为了谈谈索菲娅·柯瓦列夫斯卡娅，我先回顾了我的家族史。为了让大家更明白，我在下面不仅会描述看起来像“逸事”的事情，还会描述对我产生深刻影响的事情。这些事情对我的触动很大。

索菲娅·柯瓦列夫斯卡娅还有一个家喻户晓的名字，叫索尼娅·柯瓦列夫斯卡娅，她不仅是一位伟大的数学家，而且是一位杰出的作家和 19 世纪妇女利益的捍卫者。更值得一提的是，柯瓦列夫斯卡娅最终不仅成为沙俄时期第一位女数学家，而且是对“妇女低人一等，没有资格在科学领域与男人竞争”这类听起来很粗暴的言论提出质疑的第一人。这种偏见在当时的沙俄乃至整个欧洲都普遍存在。

柯瓦列夫斯卡娅的父亲曾在炮兵中做过将军，她母亲也受过良好的教育，而且文化水平高得令人惊叹，我们也清楚他们与沙俄贵族有些联系——费奥多尔·陀思妥耶夫斯基的身影就经常在他们的朋友圈里出现。但也不过如此而已。

现在，做一切事情都更容易了。当年，像苏菲·姬曼[1]那样的女性也不得不隐匿自己的才能，这样我们才能想着她，关注她。这让我很难接受（这显然是我的问题）——评价她们竟然不是根据她们在科学上获得的成果，而是根据她们的作者身份。这会使她们在科学方面的工作和生活很艰难，而写作方面的工作和生活如同在演戏。可这些问题我都幸免了。

索菲娅出生于1850年。她有一个姐姐和一个妹妹——姐姐安娜魅力活现，妹妹费迪亚温文尔雅。在姐姐和妹妹面前，她感觉十分茫然。索菲娅在家中排行老二，父母没有养育过她，而是雇了一个保姆照看她。

索菲娅在很小的时候就开始接触数学，对数学充满好奇。她的父亲在她房间的墙上贴满了米哈伊尔·奥斯特洛格拉德斯基的著作和讲课的文稿，但这些文稿既不是诗歌、文学方面的，也不是历史方面的，而是关于微积分的知识。她的叔叔皮奥特是最早对她进行启蒙教育的人。在她11岁时，皮奥特就引导她尝试去理解贴在墙壁上的文字。数学开始对索菲娅的生活产生了诱惑，她写道："我感到数学的吸引力如此大，如此强烈，这使我对其他学过或没学过的知识都不感兴趣了。"

有一个人开始强烈反对索菲娅对数学的痴迷，这让这个故事听起来有些伤感。你能想象到反对她的人正是她父亲吗？为了更深入地钻研数学，从那一刻起，索菲娅不接受任何人的帮助，也不和任何人合作。她继续钻研数学的唯一办法是研读皮奥特叔叔设法偷偷送给她的一本代数书，而且她只能趁其他家人睡着时才有机会读一读这本书。叔叔皮奥特和父亲之间的争吵升级成了严重的家庭冲突。父亲最终让步了，但他提出了一个条件，就是索菲娅必须完成中学所有的课程。尽管索菲娅偏爱学习数学，但她也明白唯一的办法是接受父亲提出的

---

① 参见网站 https://www.pagina12.com.ar/diario/contratapa/13-64246-2006-03-14.html。

这个条件。

这当然不是件容易的事，她无法在家乡上大学来学习数学。当时，瑞士有的大学可能会给女性提供入学的机会，这就是离她家最近的大学了。一个年轻的女性，还是单身，不管她的能力有多强，也不会被录取，这就是当时的规矩。

就像电影里的故事一样，索菲娅别无选择，只能找一个人结婚，而且这个人还要同意她的条件。她最终做到了。1868 年 9 月，她嫁给了弗拉基米尔·柯瓦列夫斯基，从此，她随夫姓，改名为柯瓦列夫斯卡娅。两个人都认为这就是一桩协议婚姻，而且在公开场合也不避讳。

他们在圣彼得堡待了一段时间，但最终去了海德堡。在那里，索菲娅得到了她想要的，因为在这里人人都能进入大学接受高等教育。在海德堡时，索菲娅有了一个让自己终身受益的想法：她梦寐以求的目标转向了柏林大学，并与卡尔·魏尔斯特拉斯取得了联系。

魏尔斯特拉斯被认为是当时世界上最优秀的数学家之一。当然，当魏尔斯特拉斯最终得知索菲娅住在海德堡后，他也并没有重视她。像索菲娅这种情况，在当时那个时代是受歧视的。但是，魏尔斯特拉斯是一位著名的科学家，说动他的最好办法是不谈男女之间那些事。魏尔斯特拉斯想看看索菲娅的一些工作成就。这就足够了。从那时起，他就意识到自己偶然发现了一个“天才”（他自己的话）。当时的大学仍然不接收女性，女性也不允许去工作，但魏尔斯特拉斯不再理会这些：索菲娅留在这里了。魏尔斯特拉斯把她当作自己的入门弟子，为了让她进步，传授和指导她得到渴望知道的一切。

用索菲娅自己的话说：“这些研究对我的数学职业生涯产生了最深远的影响，最终坚定不移地决定了我的科研生涯方向。我取得的所有成就，都是魏尔斯特拉斯指导的结果。”

在他们四年的合作结束时，索菲娅已经独立完成了三篇论文，这足以确保她获得必要的文凭以跻身世界同行之列。其中第一篇论文《论偏微分方程理论》甚至被《纯粹与应用数学杂志》发表，这对一个名不见经传的数学家来说是巨大的成就。

直到 1874 年 7 月，索菲娅·柯瓦列夫斯卡娅才被哥廷根大学授予博士学位。虽然令人难以置信，但即使拥有被认为是最高荣誉的特殊学位，即使得到魏尔斯特拉斯的指导，索菲娅仍然无法在哥廷根大学找到一份与数学相关的工作。

这时索菲娅的人生发生了令人难以置信的戏剧性一幕：她与她的丈夫弗拉基米尔一起回来并生了一个女儿。索菲娅放弃数学已有一段时间了，她全身心地投入文学写作中。尽管如此，索菲娅仍然找不到与数学相关的工作。[①]出乎意料的是，被债务困扰的弗拉基米尔自杀了。

直到 1883 年，索菲娅才迎来了自己的“幸运”时刻，通过魏尔斯特拉斯以前的学生戈斯塔·米塔格·勒夫勒的推荐，她在瑞典的斯德哥尔摩大学得到了一个职位。她又结婚了，这次是嫁给了马克西姆·柯瓦列夫斯基。[②]但她的丈夫希望她放弃数学，为他做全职太太。我想我不需要讲后来发生了什么——她不同意。他们偶尔见几面，但索菲娅已经不会再走回头路了。1891 年 2 月 10 日，刚满 41 岁的索菲娅患上了严重的抑郁症和肺炎。无奈的事情发生了：她去世了。

现在什么都不重要了，索菲娅已经不在那里做实验了，科学院院长却给她颁发了一个令所有科学家向往的最高奖项。的确，这个奖来得有些晚。我在本章中讲述这个故事，是为了以某种方式纪念所有献出了自己生命的女性先驱。即使在今天，我们仍然在为实现权利平等而奋斗。我们应该把为争取男女平等的斗争进行到底。

向索菲娅致敬！她的贡献，价值无限。

---

① 有一件逸事：一次，索菲娅收到一份工作邀请函。有人推荐她去一所女子小学担任算数老师。她以很讽刺的口吻拒绝道：“很不幸，我的弱点就是乘法表。”

② 马克西姆曾经与索菲娅的第一任丈夫有联系。这一点在索菲娅的各种传记中有不同的记载，最被广泛接受的看法是，马克西姆是弗拉基米尔的远房堂弟。目前还不清楚马克西姆是否和索菲娅正式结婚，但我认为这对这个故事的结果没有任何影响。

第9章 为什么航空公司要超售机票

不必举太多例子，如果你在出行的时候乘坐过飞机，那你一定知道航空公司存在“超售”机票的现象。类似的情况也会发生在医院、银行或某些咨询机构等地方。也就是说，它们会发生在我们进行了“预约”的任何地方。

当然，造成这种情况的因素很多。但是，其背后隐藏的逻辑是什么呢？以航空公司为例，显然，第一个（也许是唯一重要的）因素是：他们不想有太多的空座位出现。因为飞机上的座位空着意味着有损失。有人可能会问：“你跟我说的是什么损失？是指如果乘客已经购买了机票，但错过了航班，这张机票还能不能使用的问题吗？”

人们提出的这些疑问不完全正确，因为从航空公司的角度来看，他们有自己的想法。他们不仅会从没能按时出行的乘客那里收取机票款，而且试图把同一张机票卖给另一位乘客，也就是说，把同一张机票出售两次。要想不出问题，稳妥地把同一张机票出售两次，航空公司就必须设法计算出乘客不能按时登机的概率。我想说的是，这是航空公司利用数学方法计算出概率从而获取利益的一种方式。但这种做法最终损害的是乘客的利益。

在过去那个年月，比如二十年前，乘客完全可以使用同一张机票选择另一个航班出行，他们的这种行为并不会受到航空公司的处罚。也就是说，如果你不能或不想乘坐本次航班，可以通知航空公司说你想改签航班，或者把机票留好，等航班有空座位了再使用这张机票。当时，这种机票有点像“开口”机票。这在今天是不可能出现的。

但我想具体说一下航空公司在出售机票过程中的计算或估算方式。航空公司掌握的这方面数据比任何人都多，他们通过估算得出的结果也是我们无法企及的。

事实上，正如你所知道的那样，机票的价格在一天之内也会有变化，即使你想携带一个超重一丁点儿的小手提箱，或者想坐在靠近紧急出口、卫生间、舷窗等位置上，机票的价格也会有所不同。但我在这里指的是同一时间离开、飞往同一地点的同一架飞机，其票价会有所不同。一些网站[①]可以帮助乘客预测订的那张机票会发生什么变化，根据预测到的信息，你可以决定是否需要尽快购买机票，还是等一等再买。但这也只是一方面，我们先不继续说它，接下来我们从别的方面来看。

我们来看看刚才提到的航空公司可以预测到乘客不能按时登机概率的情况。你知道这里提到的航空公司能预测到乘客不能按时登机的概率代表着什么吗？航空公司计算出的概率代表着他们可以预测出这次航班将有多少个空座位。

当然，这只是一种预测，会出现误差。总之，我收集的最新数据表明，仅在美国，2017 年就有超过 5 万人没能按时乘坐已订的航班，因为他们要搭乘的那次航班的机票被超售了。这就是航空公司商业运作的一种模式。

在计算乘客不能按时出行的概率之前，我们可以先进行一些观察。根据航空公司的估算，假设有一定数量的乘客可能会缺席的概率为

---

① 参见网站 https://www.kayak.com/, http://www.fairfly.com/, http://www.hopper.com。

5%，那么航空公司会怎么做？

1. 航空公司决定不超售机票，但他们就会因不能超售机票而减少收入。

2. 航空公司将同一张机票卖出去两次，而第一个购买机票的乘客又都按时登机，他们将不得不给第二个购买这张机票的乘客赔偿。像酒店、食物、改签等事宜，尽管会带给航空公司很多麻烦，甚至使航空公司声誉受到负面影响，但考虑到这个市场被大财团垄断了，市场被少数人操控，因此，他们还是会超售机票。

我们可以随便选择一次航班来说明。例如，某航班，早上八点从地点 A 出发，目的地是地点 B。我想强调的是，航空公司内部存储了该航班过去 10 年发生的所有情况的数据。这些数据包括其准时出发的次数，晚点的次数，平均每次延误的时间，本应在当天或前一天晚上到达但未到达的情况，有多少乘客买了机票，买了什么类型的机票，有多少人准时出行，又有多少人错过出行，有多少次进行了机票超售，支付了多少费用来赔偿给那些准时到达机场却不能乘坐预订航班出行的乘客，哪些航空公司提供了相同路线的航班替代，等等。

我还可以继续说下去，但我想强调一件重要的事情：他们知道你都做了什么。也就是说，从你登录航空公司网站的那一刻起，你的操作就会被永远记录下来，无论你是一生只乘坐过一次该航班，还是每天都乘坐该航班。现在，你一定很清楚，他们让你加入会员并提供积分，通过长期累计的积分，你就能够换来一次免费的旅行或达到升舱的级别，等等。获得你认为的这些好处（在某种意义上是这样的）都是有代价的：贡献你的信息。你会向他们提供你的很多个人信息——电子邮箱、信用卡号、邮政地址、去的地方、就餐的餐馆、喜欢的食物、假期度假的地方、度假的时间，以及你没有注意到的其他附加信息。你的电话号码被绑定到同一个账户上，其影响也是惊人的。当然，你会有一个更好的出行体验，或者你会用积分实现出行，但你也要知道，在这个过程中你提供的信息将无法被撤销。再回到机票超售的例子，就好像他们知道你是否总是能提前三小时到达机场，或者能按时到达机场，或者不能按时到达机场。或者在任何情况下，他们知道你有多少次没有到达机场，以及你是否住在机场附近的酒店，租了哪辆车，你驾驶这辆车多长时间，等等。

正如你意识到的那样，我可以继续举例，直到让你不知所措，就像它让我不知所措一样。今天的技术可以让你知道你正在与谁通电话、打电话持续的时间、参与者的性别和年龄，无论是接听电话还是拨打电话，无论电话是拨向国外还是打到国内，这些数据都可以被用来确定你的购买力，你是否符合或需要银行信贷服务，等等。讲到这里，我们停一下，回到机票超售的话题上来。

我要再现前面的例子，如往返纽约和伦敦的航班，这家航空公司知道每位乘客准时到达机场乘坐航班的概率[①]是90%。为了使计算更容易，假设每位乘客独自旅行，没有其他人陪伴，每一张机票都是单独出售。虽然这样基本上没有大的变化，但我还是想澄清一下，这样我就不必在讨论中重述这个论点。

再假设飞机上总共有180个座位。如果航空公司卖掉了所有的机票，那么根据他们估计的“到场”概率（90%），起飞时飞机上将有162名乘客。

当然，由于方法和预测肯定有误差，因此起飞前到场的乘客数量很可能更多或更少。现在，我们来谈谈金钱问题。

航空公司赚取每位最终成功出行的乘客的机票钱，并对因机票超

① 事件发生的概率是一个在0和1之间变化的实数。如果事件不可能发生，则概率为0；如果确定发生，则概率为1。概率是通过将单个事件发生的频次除以事件发生的总频次计算出来的。为了不再连篇累牍，我将用一种“通俗”的方式，也就是使用最知名的方法——百分比来进行解释。例如，乘客准时到场的概率是0.9，我们就会说这个概率是90%；如果概率是0.25，就会说成是25%。

售没能出行的乘客进行赔偿。为了更加明确，假设每张机票的价格为 250 美元（如果乘客按时出行），且有一位乘客因机票超售没能出行，航空公司将为这位乘客赔偿 800 美元。

在这种情况下，计算就很简单。

1. 如果航空公司以 250 美元的价格出售每一个座位的机票（全部 180 个座位），则计算的结果是：180 × 250=45 000（美元）。

2. 如果航空公司再多售出 15 张机票，而这 15 个乘客正好没有坐上飞机，那么计算的结果是：15 × 250=3 750（美元）。将原来的 45 000 加上这 3 750 美元，航空公司将总共收到 48 750 美元。这对航空公司来说非常有利。

3. 我们来看看相反的情况。假设所有乘客（全部 180 人）都按时登机。不仅是他们，还有公司已向 15 个“额外”售出了机票的乘客。航空公司将赔付给有机票但因不能出行而滞留在机场的乘客每人 800 美元，即 15 × 800=12 000（美元）。如果我们从他们收到的 48 750 美元总额中减去这 12 000 美元（赔付款），那么该航空公司将收到：48 750–12 000=36 750（美元）（请注意，我使用数字 48 750 是因为公司在本次航班中一共卖了 195 张机票而不是 180 张）。此外，如果他们只卖出了飞机上 180 个座位的机票，且每个座位的机票价格是 250 美元，那么该航班将“亏本”飞行，因为他们收到的是 36 750 美元，而不是 45 000 美元。

接下来就是我要重点讲的内容。请你注意下面出现的数据。

这并不是说在这种特定的情况下航空公司会赚或赔多少钱，真正重要的是航空公司要知道这种情况发生的可能性有多大。也就是说，根据他们掌握的数据，这种情况发生的概率是多少。

为了回答这个问题，我们可以尝试航空公司使用的“方式”（二项分布[①]）。在这种情况下，正好有 195 名乘客打算乘坐飞机的概率几乎为 0。更准确地说，这个概率是 0.00000019%。

再举一个例子，恰好有 184 名乘客想要登机的概率为 1.11%。[②]

现在我们根据这些已知的数据来计算一下。

我将把每种情况（准时来了多少个乘客）发生的概率乘以这种情况下将赔付给因机票超售而未出行乘客的金额，最终获得一个数字，这个数字能反映出航空公司是盈利还是亏损。也就是说，我要分别根据每个概率计算出这个数字，然后将计算出的所有数字求和。我的意思是什么呢？注意下面这些计算。

假设 15 名超额乘客中正好有 1 名乘客来了。在这种情况下，航空公司的数据库会告诉我 P（181）值是多少，也就是正好有 181 名乘客准时到场的概率。当然，如果是仅仅多来了 1 名乘客，那么航空公司将赔付 800 美元。简而言之，如果多来了 1 名乘客，就应该用下面的式子计算出这个数字：

$$P(181) \times 1 \times 800$$

如果正好多来了两位乘客，该怎么计算？在这种情况下，应该这样计算出这个数字：

---

① 二项分布或高斯分布你一定见过很多次，当你画它时，会出现一条钟形曲线，这就是为什么它也被称为“高斯钟形”。例如，你想在图中某个地方显示人的身高分布情况（想想在你所在城市居住的人的身高）。假设一群人中大多数男性的身高在 1.75 米左右，那么相同数量的另一群人中的男性会略矮和略高于 1.75 米。在“极端”情况下，很少会有高得多或矮得多的情况。

② 你可以在网站 https://www.youtube.com/watch?v=ZFNstNKgEDI 上找到尼娜·克里奇在 TED-Ed 演讲中的讲解，她对机票超售时所发生概率事件的一切解释得比我更好。如果你有时间，我建议你看一下。

$$P(182)\times 2\times 800$$

以此类推，每次都增加 1 位乘客，直到 15 位乘客。

$$P(183)\times 3\times 800$$
$$P(184)\times 4\times 800$$
$$P(185)\times 5\times 800$$
$$P(186)\times 6\times 800$$
$$P(187)\times 7\times 800$$
$$P(188)\times 8\times 800$$
$$P(189)\times 9\times 800$$
$$P(190)\times 10\times 800$$
$$P(191)\times 11\times 800$$
$$P(192)\times 12\times 800$$
$$P(193)\times 13\times 800$$
$$P(194)\times 14\times 800$$
$$P(195)\times 15\times 800$$

请注意，P（192）表示公司掌握的正好有 192 名乘客准时到场的概率，其他同理。当我们把计算出的所有数字相加后，必须用 48 750 减去相加后得到的那个数字。48 750 是公司在售出 195 张机票后收到的钱，减去后所得到的结果就是航空公司的预期利润。

如果把航空公司售出的“额外”机票数考虑在内，反复计算几次，就可以发现在所有这些情况中哪一种情况是让航空公司最有利可图的。也就是说，通过分析计算出的每种情况下的数据，便可以知道能“额外”售出多少张使得他们利益最大化的机票，以确保他们不仅不亏损，而且比只售出 180 张机票时赚得多。

通过计算我所了解到一家航空公司的一次航班的相关数据，得到的数字是 198。也就是说，这家航空公司通过超售 18 张机票可以让利益最大化。这样一来，航空公司就有可能赚到 48 774 美元，也就是比他们不超售机票时多出近 4 000 美元。

当然，这只不过是其中一次飞行的情况而已。现在如果计算每家航空公司每年数百万架次的航班，结果将非常惊人。我把一切都缩减成了一个非常简单的形式，特意不考虑其他干扰因素——转机、天气变化、技术故障、车辆通行问题、时间问题……总之，航空公司所使用的尽可能涵盖所有因素的数据很多，而且比我在这里概述的精确得多。这只是为了给你提供一个想法。

我不想讨论道德问题（原因很明显）：航空公司怎么能把同一个“产品”卖给两个人？当然，如果你确定“来拿产品”的人肯定会来，也就是说，如果你知道所有乘客百分之百会来，那么这将是合乎情理的。

但是，如果你知道 98%，95% 或 90% 的人会来，你还会不会再选择超售机票？对于某些航班来说，如果你知道这个概率接近 75% 该怎么办？换句话说，如果你知道四分之一的乘客不会来，或者说，如果你是航空公司的负责人，你会允许飞机一次又一次地带着那些空座位起飞吗？或者你会选择出售两次机票这种方式吗？

当你因为航空公司超售机票而生气时（这是有道理的），你应该能考虑到机场工作人员也了解机票超售的内情。更糟糕的是，我们都知道这种情况很可能会发生及是否会影响到我们。而机场工作人员也会提前知道将会发生什么，因此，他们不仅可以解决我们的烦恼，还知道该向我们提供什么、“拍卖”什么。最重要的是，他们知道该向谁提供这些“产品”。

我不想在没有详细说明（尽管很少）信息的情况下就结束这个话题。有些航空公司在知道自家的机票出现超售问题后，工作人员就会问乘客:“给你赔多少钱,你才愿意让出你的座位?”也就是说,你开始参与到跟其他乘客进行竞争的“拍卖”活动中了。而我一开始说的那 800 美元就变得无关紧要了,因为你可能会跟与你买同一个座位的机票的乘客起冲突。乘客也可以协商一致并告诉工作人员,赔偿低于 1 000 美元就不让出座位。但谁愿意去机场做这项工作呢?最重要的是,谁愿意帮助乘客做这些事情呢?

祝你旅途愉快。

第10章　值得关注的田径比赛问题

有一个问题，我在很多地方都看到过，也觉得非常值得大家关注。我想把这一数学问题的提出归功于英国数学家奈杰尔·科德威尔，虽然我不知道这是否是他最早提出的。

当你第一次面对这个问题时，你可能会问我："你当真要问我这个问题吗？"那就看你怎么想了。

有一场新奇的田径比赛，只有三名女运动员参加：艾丽西亚（以下简称为A）、比阿特丽斯（以下简称为B）和卡门（以下简称为C）。

每次比赛中排第一名的运动员获得的分数（x）比排第二名的运动员分数（y）高；排第二名的运动员分数（y）比排第三名的运动员分数（z）高，这三个数（x，y，z）都是大于等于1的自然数，即$x>y>z$。

也就是说，正如预期的那样，每次比赛中排第一名的运动员获得的分数（x）比排第二名的运动员分数（y）多；同样的事情也发生在排第二名的运动员（分数为y）和排第三名的运动员（分数为z）之间。

三个人完成所有比赛后，获得的分数如下：

A一共得了22分。

B赢得了100米短跑比赛，一共获得9分。

C 最终也获得 9 分。

问题：谁在跳高比赛中排第二名？

能推断出这个答案似乎让人难以置信，你不觉得吗？嗯，在我看来是这样的。或许你不这么认为。无论如何，我提出这个问题后，你可能会说自己很想花一些时间思考一下。

在你怀疑这些数据是不是有缺失之前，请相信我，数据没有缺失，甚至连他们参加预赛的数据都包括进来了。现在，轮到你了！

解答

很显然，有两个基本信息我们不知道：她们参加了多少场比赛？x，y，z 的值分别是多少？

我们一起来思考一下。我找不到用来解决这个问题的方法或相关的代数运算公式。无论如何，我必须“撸起袖子”逐个分析。你也加入吧。由于 A 获得了 22 分，B 和 C 各获得了 9 分，也就是说她们总共获得了 40 分。我们不知道她们参加了多少场比赛，所以我把这个数字称为 N。即

$$N\times(x+y+z)=40 \tag{1}$$

为什么要列这样的等式？因为 $(x+y+z)$ 表示她们进行一场比赛获得的分数，$N\times(x+y+z)$ 则表示她们一共获得的分数。因此，$N\times(x+y+z)=40$。另外，要达到 40 分，我们还需要将她们在每场比赛中获得的分数乘以比赛的场数。现在，是时候“撸起袖子”开始干了。

我们可以用多种方式把数字 40 分解为多个自然数的乘积，例如，

$$40=2\times2\times2\times5 \quad (2)$$

注意等式（1），我们尽可能全面地对等式（2）中的数字 40 进行因数分解。

$$\begin{aligned}40&=2\times20\\40&=4\times10\\40&=5\times8\\40&=8\times5\\40&=10\times4\\40&=20\times2\end{aligned} \quad (3)$$

虽然有几个相同的分解，但我们暂时假设等式（1）中的 N 是第一个因数。

如果分解后每个等式中的第二个因数是等式（1）中的（$x+y+z$），说明第二个因数（$x+y+z$）可以取以下值：

20，10，8，5，4，2

注意等式序列（3）的每个等式中的第二个因数。也就是说，N 的值可能是 2，4，5，8，10 和 20。

由于 $x>y>z$，其中 z 可以取的最小值为 1，那么，y 的最小值为 2，x 的最小值为 3。将这些最小值相加，（$x+y+z$）的最小值为 6。这便立即排除了以下 3 个值，即

$$(x+y+z)=2$$
$$(x+y+z)=4$$

$$(x+y+z)=5$$

也就是说（$x+y+z$）不可能等于 2，4 或 5。接下来还剩三个可能的值：8，10 和 20。下面我们来逐一排除这些情况。

1.（$x+y+z$）=20，N=2

这意味着在第一场比赛的三个名次中，她们共得到了 20 分。可以有多少种方法将 20 分解为 3 个数值严格递减的正整数呢？下面我们来看看。

20=17+2+1

20=16+3+1

20=15+4+1

20=14+5+1

20=13+6+1

20=12+7+1

20=11+8+1

20=10+9+1

20=15+3+2

20=14+4+2

20=13+5+2

20=12+6+2

20=11+7+2

20=10+8+2

20=13+4+3

20=12+5+3

20=11+6+3

$$20=10+7+3$$
$$20=9+8+3$$
$$20=11+5+4$$
$$20=10+6+4$$
$$20=9+7+4$$
$$20=9+6+5$$
$$20=8+7+5$$

如果首场比赛三个人获得的分数的和为 20，那么以上便是 x，y 和 z 这三个数所在位置所有可能的分布。注意这些等式中出现的一些奇怪的现象。容我提醒一下，B 赢得过一场比赛，这说明她至少在首场比赛中获得了 8 分，但是她总共拿了 9 分。所以，不可能是这样的分布：如果她至少在首场比赛中赢得了 8 分（也就是以上分解式中的最后一个分解式），那么在另一场比赛中她必须获得 7 分或 5 分，这样她的总分就会超过 9 分。

因此，首场比赛三个人的得分之和不可能是 20 分。

2.（$x+y+z$）=10，N=4

我们做一下与上面这种情况相同的分析。我们可以通过以下方式来分解数字 10：

$$10=7+2+1$$
$$10=6+3+1$$
$$10=5+4+1$$
$$10=5+3+2$$

我们用和上面一样的方法逐个分析：

第一种情况，x=7。B 赢得了一场比赛，而且她已经得了 7 分。如果在剩下的 3 场比赛中加上 B 的得分（她必须在每场比赛中得 1 分），她的总分数就会达到 10 分。因此，这种情况不可能出现。

第二种情况，x=6。B 赢得了一场比赛，可能她是在其他 3 场比赛中各得到了 1 分，全部比赛下来总共得到 9 分。但在这种情况下，A 是如何获得 22 分的呢？请注意，A 赢得了其他三场比赛，共获得 18 分，因此 B 在这三场比赛中的得分之和不能超过 3 分（因为前三名的分数分配是 6，3 和 1）。因此，可以得出结论：这种情况也不可能发生。

第三种情况，x=5。B 赢了一场比赛，得了 5 分，但如果她在另一场比赛中获得了第二名，得分为 4 分，那么她的分数就已经达到了 9 分，还有两场比赛需要计算。所以，这个方案也不行。

第四种情况，x=5。B 赢了一场比赛，获得 5 分。那么，即使她在另外三场比赛中都是最后一名，并在这三场比赛中累计获得 6 分，再加上她赢得了一场比赛获得的 5 分，她的总分也会达到 11 分。这显然也是不可能的，因为她的总分只有 9 分。

好了，我们现在也排除了（$x+y+z$）=10，N=4 的情况。

3.（$x+y+z$）=8，N=5

这是唯一的可能了。这就是说，三个人在每场比赛中得分的总和为 8 分，他们参加的比赛场数为 5 场时，才能满足上述条件。我们分析一下在这种情况下可能会发生什么。为此，我们来看一下分解数字 8（3 个正整数之和，每个正整数严格递减的形式）的方法：

$$8=4+3+1$$

$$8=5+2+1$$

为什么没有更多的等式呢？因为如果排第三名的运动员获得 1 分，而且我们已经写出了排第二名的运动员获得 2 分或 3 分的情况，那么剩下的唯一选择就是：第三名得 1 分，第二名得 4 分。但由于三个人在一场比赛中的得分总和必须是 8 分，而第二名和第三名在一场比赛中得分的总和是 5 分，那么第一名获得的分数一定比第二名获得的分数少。这显然不现实。

此外，如果我们假设第三名获得 2 分，那么第二名至少应该得到 3 分。第二名和第三名得分的总和至少是 5 分。也就是说，从分配后剩下的得分来看，第一名的得分就不再比第二名的得分多了。

因此，我们要分析的情况只剩下两种：

第一种情况，8=4+3+1。在这种情况下，由于 A 一共获得 22 分，即使 A 赢得 5 场比赛，她总共也只能获得 20 分。因此，这种情况不可能发生。

第二种情况，8=5+2+1。我们已经知道 B 赢得了一场比赛，获得了 5 分，那么她在其他的 4 场比赛中共得了多少分呢？那么，从上述来看，B 必须在其他 4 场比赛中排名第三。这样一来，她在 5 场比赛中才能得 9 分。这里请注意，假如 B 赢了一场比赛，并在其他 4 场比赛中都排名第三，剩余的 31 分（40–9=31）就只能这样分配：四个第一名、四个第二名和一个第三名。（能跟上我的节奏吗？你自己可以计算一下。你不要在不确信的情况下就认同我讲的内容。）我们一起来想一想：如果 C 赢了剩下的 4 场比赛中的任何一场，她就能得 5 分，然而她在 5 场比赛中总共得了 9 分，所以她是不可能得到 5 分的，因为除了一个第三名之外，其他所有的第三名都被 B 占据了。因此，C 不可能赢得任何比赛。唯一的可能是，C 在剩余的四场比赛中都获得了第二名，并且她在 B 赢得的那场比赛中获得了第三名，这样她 5 场比赛总共就得到了 9 分，这就是 C 在比赛中得到的分数。最后，剩下的（四个第一名和一个第二名）便是 A 获得 22 分的比赛。这就得到了问题的解决方案。

A 赢得四场比赛，并在另外一场比赛中获得第二名，总共获得 22 分。

B 赢得一场比赛，并在其他四场比赛中都获得第三名，总共获得 9 分。

C 在四场比赛中获得的都是第二名，在 B 赢的那一场比赛中 C 是第三名，总共获得 9 分。

因此，问题的答案是：卡门（C）获得了跳高比赛的第二名。

通过这种方式，用最少的信息，我们找到了这个最初看起来似乎不可能得到的答案。

补充一下，再遇到这种类型的问题时，只要进行简单的思考，就会得出结论。大脑的非凡能力就在于能够分析各种复杂的问题并找到似乎无法解决的问题的答案。希望你喜欢这一章并能从阅读中获益，就像我把它展示出来，并积极寻找它的解决方案一样。

第 11 章　公共知识和共有知识

朱利安·哈维尔出生于 1952 年，是英国一位数学家。他的大部分工作都是在英国开展的，也因在数学方面做出的贡献而闻名世界。十多年前，更确切地说是在 2008 年，朱利安·哈维尔出版了一本书，这是他所有著作中最著名的一部，它有一个引人注目的书名：《不可思议？反直觉的问题及其令人惊叹的解答》。[①]

这部作品引人入胜，书中描述了许多关于数学和日常生活的故事。为什么要在这里提到哈维尔和他的这本著作呢？因为有一次我看到他在这本书的一章中谈到一道数学题，我立即想：我要用西班牙语来讲述这道数学题。故事就从这儿开始吧。请相信我，这是一个非常有趣并能启发我们去思考关于博弈论中"公共知识"和"共有知识"的问题。

1. 公共知识和共有知识的区别

我很难判断在西班牙语中，这两个概念与其在英语中的概念是否

---

① 这是我的翻译。我不知道这本书是否曾以西班牙语出版过，也不确定英语"conundrum"一词翻译成西班牙语是否为困境、问题、困难等。无论如何，我希望你能了解哈维尔在书中想表达的观点。

相同。事实上，我甚至不知道自己是否真的同意哈维尔用英语表达的这两个概念的差异，但这并不重要。

我们举一个大家比较熟悉的例子：众所周知，乌拉圭的首都是蒙得维的亚，这相当于哈维尔所说的“相互知识”。我认为可以将它翻译成“公共知识”，因为这对于使用西班牙语来交流的人来说听起来更合理。

也就是说，“公共知识”是公开的、非强迫的或非强制的，每个人都可以免费获得它。知识就在那里，无论一个人是否掌握它，都不影响其他人去获取它。

不过，在我们出行时，红灯亮起表示禁止通行，绿灯亮起则表示允许通行，这是“公共常识”，其实也是“公共知识”。但和“乌拉圭的首都是蒙得维的亚”这一公共知识有一个巨大的区别：“公共常识”是指你是否知道它们。我不仅希望每个人都可以“掌握”这些“公共常识”，而且希望每个人都能意识到掌握它们很重要，因为“公共常识”与我们的生活息息相关。换句话说，我们需要了解它，我们需要掌握这些信息。

同样，在机动车驾驶证考试中，我们会被问到：你是否知道红灯亮时不能过马路，但绿灯亮时可以通行等诸如此类的问题？即使作为乘客，也就是说我们两个人（或我们两个人中的任何一个人）都没有开车，知道对方作为司机掌握了这个常识对我们来说也很重要。这一点对我接下来要讲的内容也具有决定性意义，因为它包含了这一问题的本质。

这就是为什么在我接着往下说之前，请你停下来想一想。普及这两个知识（“蒙得维的亚是乌拉圭的首都”和“红灯亮，禁行；绿灯亮，通行”）的方式相同，但两个知识的概念不同。这也就是我想强调的“公共知识”和“共有知识”的差异。

实际上，哈维尔在他的文章中也提到了这一点。如何用西班牙语称呼它们并区分它们呢？我将其中一个知识称为“公共知识”或“科普知识”，如乌拉圭的首都是蒙得维的亚；将另一个知识称为“共有知识”。

“共有知识”一开始是公共的，而“公共知识”不一定是共有的。你可能会觉得我很啰唆（如果你这么想，请跳过下一段），从本质上讲，区别就是我刚才所提到的内容。

> 一些知识大家都可以获得，如果一个人知道或不知道这部分知识，对别人一点影响都没有，这部分知识就是“公共知识”；还有一些“公共知识”，我想要知道别人是否具备（而且是互惠的），这些知识就是“共有知识”。

如何将“公共知识”转化为“共有知识”呢？例如，一群人聚集在一个房间里，其中一个人说：“乌拉圭的首都是蒙得维的亚。”从那一刻起，在场的每个人都获得了这一“共享”的知识。我们中没有人会说自己不知道这个事实。而且非常重要的一点是，从那一刻起，它已经成为房间中所有人的“共有知识”。

关于这一问题的文献记载有很多。事实上，我也曾在不同的地方写过相关内容的文章，其中有两个特别的故事：约瑟芬王国[①]和天眼岛。[②]借此机会，我想提出另一个与此相似的问题，我们一起来思考一下。

我认为，哈维尔在他的书中提到的特殊例子就其本身而言很有趣，这个例子是一个非同寻常的思维练习：它具有娱乐性、参与性，但却

① 阿德里安·帕恩扎，《未来的数学》，布宜诺斯艾利斯，南美洲，2017年版，第80页。

② 阿德里安·帕恩扎，《怎么……这也是数学吗？》，布宜诺斯艾利斯，南美洲，2011年版，第265页。

鲜为人知，它不以你掌握任何知识为前提，而是需要你具备一个明显的倾向，并愿意开启你的“智力盒子”。这不吸引人吗？至少对我来说很有吸引力。我也希望它能“诱惑”你。因此，请你跟着我继续往下看。

假设大厅里有 500 个人（这个数字是任意的，也可能是 50 个人或 1 000 个人，这无关紧要）。我只是选了一个数字来明确一下。所有人都在一个巨大的大厅里，或者如果你愿意，也可以在学校的操场上，因为学生通常在那里休息。我们再假设我将要给在场的人分发帽子，这些帽子只能是红色或蓝色这两种颜色。

正如在这种类型的问题中经常出现的那样，除了自己的帽子之外，每个人都能够看到其他人帽子的颜色。换句话说，他们都看到了 500 顶帽子中的 499 顶，任何人都是如此。还有一件事：在场的每个人都是完美的逻辑推理者。也就是说，当涉及推理某件事时，他们能够得出正确的结论——如果你掌握了足够的数据，你将知道如何推算出问题的正确答案。

我继续往下说。在没有任何通知的情况下，我给他们每人戴上一顶帽子，但我正好选择了 15 顶红色帽子。这一点很重要，因为从那一刻起，你会看到有些帽子是红色的，有些帽子是蓝色的。事实上，自认为戴着蓝色帽子的人能够数出有 15 顶红色帽子，但他们不知道总共有 15 顶还是 16 顶红色帽子，因为自己戴的帽子也可能是红色的。同样，戴红色帽子的人不会知道总共有 14 顶还是 15 顶红色帽子。

现在，假设所有的帽子都已经被分发出去了。每个人都坐下来，互相看着对方。我在这里补充一个要求：所有人不允许有任何形式的沟通。任何人都不能使用某种技巧或计谋告诉另一个人他戴着什么颜色的帽子。虽然每个人都在观看其他人，但每个人也都真正参与到了这场“游戏”中。

最后，我想提醒大家，大厅里有一座大钟，大家都能看到它，钟的时间很精确。这座钟每隔 60 分钟就会敲一下，所有聚集在那里的人都能听到钟声。

有了这些信息，接下来是很重要的一步：我要求你在听到整点钟声响起时，如果能推断出（我在此强调一下，是推断出来）自己戴的帽子是红色的，那么你就可以起身离开大厅。换句话说，这是一个靠"推断"去解答的问题，而不是靠"猜测"去解答的问题。

明确这些信息后，所有的人都保持坐姿，大家不仅必须注意听每小时的钟声，同时还要互相注视或观察对方做了什么事，然后进行推断。

整点时刻到了。

突然，一个人（他不属于这个小组，而且原本也不加入这个游戏）进入大厅，看到每个人都戴着帽子，说："你们中至少有一个人戴着红色帽子。"

现在，你可能会想："这有什么新鲜的？我们这里所有人都至少看到一顶红色帽子。"这和外面进来的人所说的话有什么区别呢？其实，虽然这句话听起来没什么特别的，但它非常重要，以至于能影响你接下来的推断。

事实上，我很想问你："如果这个人没有进来并说这句话，有没有办法让在场的人发现自己戴着红色帽子？"我暂时把这个问题留给你，我建议你最后考虑一下如何回答这个问题。我继续讲。

现在我想告诉你，自从这位来访者说了这句话后，如果当时钟正好敲了 15 下，戴红色帽子的 15 个人就会起身离开大厅。很奇怪，不是吗？访客说的话可以改变一切，并使大厅里戴着红色帽子的那些人在钟敲了 15 次（过了 15 个小时）后起身离开。这是为什么？

当然，最有趣的事情可能是你已经开始思考"自己的"答案，而忽略了我的解释，但我将讲完本章的内容。我这样做是为了让你获得一个"更准确"的答案。请相信我，如果你能自己解决这个问题，那就太有价值了。

我的提议是：我们把问题简化一下，如只有一顶红色帽子。我们将戴着这顶帽子的人称为甲。你认为在来访者说出他看到至少有一顶红色帽子后，当钟声第一次响起（到了一个小时）后会发生什么？

在来访者说这句话之前，甲不知道自己戴的帽子是红色的，也没有人告诉他。由于玩家甲只看到了蓝色的帽子，当来访者说至少有一顶红色的帽子时，他就推断出自己戴着一顶红色帽子。当钟声响起时，他就会起身离开。就这样，问题解决了。

如果只有一顶红色帽子，当钟声第一次响起时，戴红色帽子的人就会起身离开。

现在我们假设正好有两个人戴着红色帽子，我们称他们为甲和乙。在这种情况下会发生什么？难道你不想思考一下吗？

我们站在其中一个人的角度来考虑。以玩家甲为例，当来访者说出这句话时，甲看到的唯一一顶红色帽子是乙戴的那顶；反之，乙看到的唯一一顶红色帽子是甲戴的那顶。这会有什么不同？

从甲的角度看，当钟声响起时，甲在等待乙起身离开，因为原则上讲，他假设了乙是唯一戴红色帽子的人。但是，如果乙看到所有人戴着蓝色的帽子，那么在钟声响起时乙就应该离开。然而他没有离开。也就是说，乙希望甲在钟声响起时离开，因为在乙看来，甲只看到所有人都戴着蓝色帽子，因此，甲应该是唯一戴红色帽子的人。当钟声响起时，甲就应该起身离开，但是，甲也没有离开。

这说明了什么呢？当钟声第二次响起时（过了两个小时），他们都必须起身离开。这又是为什么？

除了甲、乙两个人都看到对方戴着一顶红色帽子外，现在又增加了一个非常重要的信息：他们都没有起身离开。如果只有一顶红色帽子，戴红色帽子的人就应该离开。新的信息明确地说明了一点：当钟声第二次响起时，你该起身离开，因为你也戴了一顶红色帽子！

的确，两个小时后，两个戴红色帽子的人起身离开了。

如果有三个人戴着红色帽子会发生什么？

我们将戴着红色帽子的三个人称为甲、乙和丙。依照以上推论，会发生什么呢？当然，我不仅建议你和我一起反思上面的例子，而且明确希望使用在只有两顶红色帽子时我们的推论方法。

大厅里的每个人都非常清楚，如果只有两顶红色帽子，当钟声响了两次后，他们都必须起身离开。如果他们没有起身离开，说明还有未包括进来的“线索”。这个“线索”就是一定还有人戴着红色的帽子。那么，还有多少个人戴着红色帽子呢？

戴蓝色帽子的人看到有三顶红色帽子，他们非常清楚发生了什么。

但是，现在甲、乙和丙在同一段时间内只看到了两顶红色帽子，他们希望戴红色帽子的这两个人在钟声响了两次后离开。如果戴红色帽子的这两个人没有离开，说明还有人戴着红色帽子。因为如果甲只能看到乙和丙戴着的两顶红色的帽子，而在钟声响了两次之后，乙和丙都没有离开，这就说明甲也戴着红色的帽子。那该怎么办？一旦钟声响第三次，甲、乙和丙都会起身离开。

在这里，我想停下来。正如你所注意到的，如果有 4，5，6 甚至 15 顶红色帽子（一开始我提到的红色帽子的数量），我们就可以做相同的推断。这个想法的关键之处在于，当钟声第十五次响起时，戴着红色帽子的 15 个人就会起身离开大厅。

这个事实是不是很特别？准确地说，这就是我之前提到的“公共知识”和“共有知识”的区别。因为如果来访者没有说出至少有一个人戴着红帽子这个信息，大厅里就没有人能“推断”出自己戴着的帽子是否是红色的。看似“微不足道”的信息变成了决定性的。原来的“公共知识”变成了“共有知识”。现在每个人都听说，至少有一顶红色帽子；而且他们不仅知道这一信息，还清楚在场的每一个人都知道了这一信息，即所有人都知道至少有一顶红色帽子。而这是戴着 15 顶红色帽子的人最终离开的决定性因素。

这个简单的事实非常有说服力，改变了在那个大厅里所发生事情的轨迹。你可以把它与我一开始提到的蒙得维的亚和红绿灯的例子联系起来——当来访者进来说他至少看到一顶红色帽子时，就好像大厅里所有的人都聚集在一起，有人告诉他们乌拉圭的首都是蒙得维的亚。

现在，不仅大厅里所有人都知道“乌拉圭的首都是蒙得维的亚”这件事，而且他们还知道，大厅里所有的人都知道乌拉圭的首都在哪里。也就是说，每个人都知道在场的所有人都获得了相同的信息。

“公共知识”变成了“共有知识”，正如我们所看到的，两者之间存在着巨大的差异。

2. 连续的整数

现在，为了能让你公正地评价哈维尔的这项杰出贡献，我将举两个连续整数的例子，虽然它们只是简单的例子。这可能需要你花一些时间，相信我，这很值得。

假设有两个人甲和乙，我分别告诉他们一个正整数（从数字 1，2，3，4，5，6，…中选出）。我叫他们过来，在他们耳边说一个数字。甲听到了我告诉他的数字，但不知道我对乙说了什么；反之亦然，乙听到了我告诉他的数字，但不知道我对甲说了什么。还有一个线索：我告诉甲，我对乙说的数字与我对他说的数字是连续的；反之亦然，我也告诉乙，我对甲说的数字与我对他说的数字是连续的。例如，如果我告诉甲数字 7，那么甲就知道我告诉乙的数字是 6 或 8。

和上述推断有几顶红色帽子的例子一样，假设甲和乙在同一个房间里，有一座钟，两个人都能看到钟，钟每小时响一次。此外，他们也都没有做任何形式的标记或者与对方交流。如果他们可以“推断”出对方的数字，那么在钟声响起后，他们必须起身，大声说出对方的数字并离开。

正如哈维尔所提到的“公共知识”和“共有知识”，如果我没有告诉甲和乙的数字是连续的这个信息，可能他们在房间里坐一辈子也无法推断出对方听到了什么数字。钟只能继续每小时响一次，但没有人能给出答案。

例如，如果其中一个人听到的数字是7，如何推断出另一个人听到的数字就是6或8呢？这听起来似乎不可能找出答案，然而，事实并非如此。

我向你提供以下建议，看看我们如何做到这一点，并且能很快做到，因为这是一个非常容易搞清楚的例子。假设我告诉甲，他的数字是1。如果是这样，你就会意识到，只要钟声一响，甲就知道乙的数字是2。这是因为我选择的数字是从1开始的，这个例子只能有一个答案。因为乙的数字不可能是0，所以它只能是2。

因此，当钟声响起后，甲说他知道乙的数字是2，然后起身离开。

好吧，这当然是一个非常特殊的例子。我继续往下推断，你将会看到接下来会发生什么。

如果我告诉甲的数字是2，会发生什么？如果甲听到的数字是2，他就不能确定乙的数字，因为有1和3两种选择。你还有什么要说的吗？你想继续吗？当钟声响起时，若乙没有起身宣布甲的数字是2并离开，说明乙的数字不是1。如果乙的数字是1，他就必须在钟声第一次响起时离开。如果乙没有离开，就说明乙的数字是3，而乙又不可能知道甲的数字是多少。这一切对甲来说很有必要。当钟声第二次响起时，甲起身说“乙的数字是3”，然后离开。

附言

如果甲听到了数字1，他可以在钟声第一次响起后离开；如果甲听到了数字2，它可以在钟声第二次响起后起身离开。

现在，如果我告诉甲的数字是3，会发生什么呢？在这个阶段，甲不知道乙的数字是 2 还是 4，所以甲不能继续行动，但他可以观察到乙的行为。

同时，甲在想：我的数字是 3，那么乙的数字就有可能是 2 或 4；如果乙的数字是 2，他会在钟声第一次响起时等待我的反应：如果他的数字是 2，我的数字是 1，在钟声第一次响起时，我就得站起来，说他的数字是 2，然后离开。然而，乙注意到甲并没有离开。所以乙推断出甲的数字不可能是 1。

在这里，有必要再详细说明一下。如果乙的数字是 2，由于甲没有起身离开，乙推断出甲的数字应该是 3。在下一次钟声响起时，乙应该起身，说他知道甲的数字是 3，然后离开。但乙并没有离开，并说："我不知道。"因此，可以得出结论，乙的数字不是 2。从这里开始，这个问题实际上已经解决。甲知道自己的数字是 3，并推断出乙的数字不是 2。只要甲能做到这一点，他就会站起来，说"乙的数字是 4"，然后离开。

解决这道题需要很大的耐心和敏锐的观察力，而一旦进行上述推断，在某个时候，两个人中的一个人就一定能推断出另一个人的数字。你会注意到，只要有耐心和时间，无论他们听到了什么数字，就能利用这个方法解决问题。

当然，甲和乙要做出以上推断，需要时间，而且你必须认定他们两个人都是完美的"逻辑学家"，并耐心观察所发生的一切。这样，他们中的每一个人最终才会推断出另一个人的数字。

此外，所有的例子及"公共知识"和"共有知识"的定义都归功于哈维尔，他不仅在自己的书中，而且在世界各地举办的学术会议上探讨了这些例子。与此内容相关的文献很多，我在这里做的是在西班牙语的世界分享哈维尔在 10 多年前提出的理论。我希望你能像我一样喜欢这些内容。

第 12 章　未来

未来已不再像过去那样了。在过去，我们会感觉未来似乎很遥远，每一次变革都需要等待数年或数十年时间。漫长的等待，让我们不再感到有什么新意。因为我们一直都在等待着，也知道自己期待的是什么。实际上，历史上都有很长一段时间平谈无奇。

随着历史前行的脚步，未来已经比过去更好。现在几乎没有人再去想象未来的模样，因为未来就像洪流一样滚滚而来，并且存在于我们生活的各个方面。确切地说，未来展示出的这种时代风貌焕发出了前所未有的光彩，令人惊叹。

上一个伟大的发明或革新是什么？对此，我们的意见很难达成一致，但互联网、移动电话、社交网络、生物遗传学、密码学、无人驾驶汽车等新科技的出现，都不可避免地成为“时代变化”的组成部分，无论你认为这些新科技成果和自己的生活是否有关系。

如果现在的情况和过去的工业革命一样，会发生什么呢？互联网的出现会彻底改变世界的面貌吗？如果不谈及未来的科技，这些问题就不好回答了。事实上，我可以展开无尽的想象，但我宁愿先不回答这些问题，因为我不知道该如何表达。

然而，在一家科技公司最近的新品发布会上出现了令我意想不到的一幕。我们一起耐心地来看看吧。

我们可以想到的大型科技巨头，如苹果、谷歌、亚马逊、三星、脸书等，会举办产品发布会，宣传他们的新产品。很多情况下，他们要宣布的信息已经提前被媒体泄露出去了，所以他们举办的发布会很少能够带给我们惊奇或者产生巨大的轰动效应。

然而，2017年10月4日在旧金山发生的事情有所不同。布莱恩·拉科夫斯基代表谷歌做宣传，他宣传的每一款产品都明显不同，其中有两款产品引起了我的注意。

首先是谷歌一直以来更新换代的新款手机Pixel2问世。这是谷歌公司向苹果公司发出的一个明确信号：谷歌现在能够独立生产自己的手机了。Pixel1已经上市一年，谷歌公司已经进入了这个圈子，在手机市场上挑战苹果公司的产品，而且不打算退出。事实上，正是史蒂夫·乔布斯在十多年前推出了第一款iPhone手机，才彻底改变了世界。现在，谷歌凭借其Pixel2不仅将与当时刚推出的iPhone8竞争，而且最重要的是，它将与苹果比拼谁的产品价格更高。苹果公司将发布其新的“镇店之宝”iPhoneX，那么，谷歌又会怎么做？我们拭目以待。

2017年12月发布的iPhoneX，首款的售价为1 000美元。为了得到认可，该款手机必须比之前面世的所有手机的各方面好许多。这是唯一能证明该手机造价不菲的办法。这就是我想说的：我想你已经猜到了，Pixel2或iPhoneX的出现并不是我写这篇文章的原因。我的确不是在介绍手机，而是着眼于其他的地方。现在，请你屏住呼吸认真地看一下即将发生的事情。

拉科夫斯基宣传的第二款产品是Pixel Buds。它是什么？乍一看，它就跟市场上其他任何耳机一样，但它是无线耳机，通过使用蓝牙连接你的手机就能进行通信。它通过一根导线把两个耳机连在一起，根据我所看到的，你可以把它戴在脖子上。独特之处在于，耳机可以利用下载到手机上的谷歌助手来进行翻译。实时进行同声翻译也是谷歌产品的一个特点。具体来说是这样的：

假设你遇到一个年轻的英国女性，她一句西班牙语都不会说，而你一句英语也不会说，你将 Pixel Buds 蓝牙耳机放在耳边，然后按下右耳那边的外部按钮。你用西班牙语说："谷歌，我需要英语翻译。"此时，谷歌助手就激活了"西译英"或"英译西"的翻译程序。你现在可以拿着电话，一边继续按那个按钮，一边用西班牙语说："嗨，英格丽，你好吗？你在那里等了多长时间了？"与此同时，此前一直不明白你说什么的英国女性听到电话里传来一个用英语说话的声音："嗨，英格丽，你好吗？你在那里等了多长时间了？"英国女性随后用英语回答："我五分钟前就到了。不用担心！"她说完话后，你在耳机里就能听到西班牙语的翻译。

在这里，我们暂停一下。我不知道像刚才描述的这种真实场景会带给你多大触动，但我相信这种实时翻译功能很快就会对我们的生活产生非常深远的影响。

当下重于未来

谷歌已经准备好一份在 2017 年 10 月 4 日当天公布的新产品名单，消费者会在当年 11 月中旬之前拿到 Pixel Buds 蓝牙耳机。与竞争对手产品的价格相比，这种蓝牙耳机以 159 美元的价格出售似乎并不会让人望而却步。但这并不是谷歌的炒作，谷歌更没有为此向我或出版了一系列这方面丛书的企鹅兰登书屋支付任何费用。

通过这个案例可以看到，未来事实上来自其他方面，而且我相信它将对我们产生非常深远的影响。到目前为止，该公司宣布，使用 Pixel Buds 蓝牙耳机和下载到手机上的谷歌助手软件，将可以在 40 种语言之间进行同步翻译。当然，英语、西班牙语、法语、德语、意大利语、葡萄牙语、日语、俄语和中文普通话都在名单上，所以基本上能够保证的是，谷歌这一功能覆盖了几乎全球的语言。

在分享信息的同时，我还有其他一些思考。

正如互联网以一种意想不到的方式将我们联系起来，Pixel Buds 蓝牙耳机以不同的方式开启了各领域的大门。你应该意识到：一方面，你可以到达韩国首尔、澳大利亚西海岸的珀斯或斯洛文尼亚首都卢布尔雅那，不需要讲韩语，也不用说英语或斯洛文尼亚语，就能和当地人交流，不仅可以询问厕所在哪里，去酒店怎么走，还可以询问列车的时刻表或如何去火车站。另一方面，一个人不管是出于好奇还是有特殊的爱好而想学习一种语言，将不再有障碍。我可以夸下海口（我这样做是不对的），学校长期开设的英语课即将结束，在那里我们最终学到的英语知识非常少。我想你不会想要出现这种情况，当你遇到一个讲英语的人时，你们之间除了进行简单的日常会话外，你用自己在小学和中学教育中所学到的英语知识，都无法与其进行任何深入的交流。当然，这种情况不仅我们经历过，世界上其他地方的人也都有过相似的经历。

例如，对于学习西班牙语的外国人来说，学习这门语言要弄清楚为什么名词有性的区分：为什么腿的西班牙语单词是阴性的，而眼睛这个单词又是阳性的？这会让西班牙语的学习者抓狂。我想我不需要告诉你，当我们试图学习英语、德语或法语时都会遇到语言学习上的问题。你有没有尝试去理解一种与西班牙语不同的语言，如希腊语、俄语或汉语？

我们有许多对未来的展望和遐想，而我们每个人都会选择自己未来发展的方向及用什么样的方式来使用新科技。当我们用一项技术做对社会有益的事情时，就是该技术的第一次突破，这也显示了我们的能力。

我接下来要说的事，听起来可能令人难以置信。我之所以要讲这件事，是因为我在写本章内容时突然想到：有朝一日我们可以与任何动物交流吗？除了可以与动物进行交流，我还在考虑人与动物之间是否能进行真正的互动。也就是说，我可以知道动物是如何思考的。如果动物会说话，它们又会不会质疑人类是不是真的听懂了它们所说的内容呢？你是否想过上述假设在未来真的无法实现？

我认为这一切有可能实现。同时，“科幻”对人类的贡献使我们重新审视“科幻”这个概念。或许我们现在就应该立刻把“科幻”这个词改为“科技”。

未完待续……

第13章　伴侣

我想向你提出一个具有挑战性的观点。我不知道你的年龄，当然，我也并不清楚自己正在把这个观点讲给谁，但这并不是重点。这里有一段小故事：

在10年或15年前（我不认为比这更早）的某个时候，数字技术大规模地涌现。我指的不仅仅是手机，还包括个人电脑、上网本、笔记本电脑、智能手表、游戏机、平板电脑等。无论如何，请注意，我指的不是它们“首次出现”的时间，而是当它们的数量增多，几乎每个人都能购买到它们当中的任何一个时，或者提到它们每个人都非常熟悉时。我能想到的最好例子是电视机或电话，不需要我解释，每个人都明白它们是指什么。

从那以后，我这一代人（生于20世纪中叶），甚至是跟我年龄相仿的人，都抱怨数字技术对年轻人、青少年甚至儿童产生的影响。我们经常听到他们说自己现在生活得很孤单，每个人都在关注“自己的世界”，人际关系正逐渐消失，这种技术的出现会让人与人隔绝，变得越来越孤独。当然，在这些抱怨声中，也暗含着他们心中那种“今不如昔”的怀旧情结。

对此，我有不同的看法，但并不渴求你也认同我的观点。我只是想提供某些数据，来得出更加有说服力的结论。对于我来说，电话是一个非常好的例子。我想我可以假设电话的出现并没有导致我们减少彼此见面的机会或者与外界更隔绝。不管怎样，它曾帮助我们更好地计划约会，使那些相距遥远的人更紧密地联系在一起。然而，现在这个时代也出现了相同的社会困扰：我们将不再需要互访，也不再需要见面，只需要通过这个黑色的小设备沟通就可以了。你觉得有类似的情况吗？

这种情况会把你带入让你怀旧的场景，那么现在发生的一切都应该更糟糕，因为你没有其他的选择。以前，我们过得更好，为人更宽宏，大家也更团结。一定是这样吗？不管怎样，我承认我们曾经的观念很幼稚，毋庸置疑。或者还可以说，我们怎么知道，如果那时我们遇到今天存在的各种选择，我们会做什么不一样的事情呢？我们曾经可以轻易地做出选择，是因为当时给我们的选择没有今天这么多。为了证明那时“我们过得更好，彼此之间更团结”或者“未曾做过今天年轻人所做的事情”，我们在面对今天的诸多选择时，早就应该放弃了。在这种情况下，你可能会接受“我们那一代人与当下的年轻人不同”的说法。

但是，我从“攻击”我的那部分人那里听说，我拒绝面对现实，我们一直在助长那些离群索居、孤僻、自负、不专心、禁锢在自我的快乐中、缺乏团结、无心关注周围环境、与外部世界没有联系的年轻人的气焰。我夸大其词了吗？也许是吧。请你承认，我刚刚讲的这些观点与你的观点或你听到的观点极其相似，可能语气不同，但意思相同。

具体来说，像我这样对当今社会的这种描述提出质疑的人，也只能在茶余饭后讨论讨论罢了。这些观点是否正确？谁来评判这些观点呢？怎样去比较不同的时代呢？似乎根本无法去验证，充其量是观点对立。而我这一代人以及曾经支持过我们的一些人中，绝大多数人的想法都与我不同。

针对这一点，我有些坏消息要告诉诸位。

2017年10月2日，约书亚·奥尔特加和菲利普·赫尔戈维奇[①]联合发表了一篇文章，分析了一些令人惊讶的社会行为。请你阅读以下这篇文章段落的节选，并得出你的结论。

> 我们最重要的联系不是来自我们最亲密的朋友，而是通过“熟人”：不一定是与我们非常亲近的人，无论是身体上还是情感上，但他们能帮助我们与那些我们平时无法接触到的群体取得联系。例如，我们从熟人那里得到工作机会的可能性要比从朋友那里得到工作机会的可能性大得多。有些人看似与我们的关系不太密切，但他们充当着我们与其他利益群体建立关系的桥梁，将我们与全社会联系起来……
>
> 而在过去，我们与跟自己有某种关系的人结婚：朋友的朋友、同学、邻居。因为我们通常与自己熟悉的人有联系，所以我们更有可能建立婚姻关系，例如，与同一种族、宗教或国籍的人结婚。

针对以上观点，我想说：“诚然，互联网一直在改变这种模式。原则上讲，通过互联网认识的人，在过去是互不相识的。”“如今约三分之一的婚姻是通过互联网或社交网络开始的。”

---

①《弱关系的力量：通过在线联系进行社会融合》（The Strength of Absent Ties: Social Integration via Online Dating）。由于我不能按字面意思翻译这个标题，于是就这样解释它：“当没有先前的关系纽带时，社交网络是合作建立关系的地方。”这篇文章的署名者是英国埃塞克斯大学的约书亚·奥尔特加和奥地利维也纳大学的菲利普·赫尔戈维奇。两个人都是经济学博士。你可以在网站https://arxiv.org/pdf/1709.10478.pdf上找到相关内容。

在上述文章中，作者开始从理论上进行研究，采用社会网络指数随机图模型和匹配理论，研究在现代社会中多元化的新关系纽带所产生的影响。奥尔特加和赫尔戈维奇继续说："我们发现，当过去的社会关系纽带不复存在时，社会就会从中获益，而且会融合得非常快。"

随后，他们引用了罗森菲尔德和托马斯的一篇论文，其中写到了美国人在过去100年中是如何找到他们的伴侣的。按照所起作用的重要性排在前几位的是：通过共同的朋友介绍、在酒吧、在工作场所、在教育机构、在教堂、通过亲戚介绍，或者因为他们是邻居。

但在过去的20年里，互联网已经把世界颠覆了，甚至可以说这种颠覆体现在我们寻找伴侣的方式上。现在，邂逅发生在两个完全陌生的人之间，他们之前没有任何联系，也没有传统意义上的社会交流。事实上，他们已经证明了由互联网引起的邂逅是如何成为美国人寻找伴侣的第二种最普遍方式。

你可以想象一下，在互联网出现之前，"社交网络"是什么样的。试想一下，每个人都是一张巨大地图上的一个点，如果两个人互相认识，就画一条连接两点的线段。想一想，如果你有一个朋友，用这种"模型"也就是一条线段连接你们。如果你不认识你朋友的某位朋友，你们之间就没有连接的线段，但却有一条线段连接着他们。这就是连线模式。

你可以根据自己感兴趣的内容进行研究，并标注其性别、年龄或地点。

在数学中，我刚才以非常简单的方式描述的内容被称为"图"："图"中的节点表示在不同地点的个体或组织，两点之间的线段表示他们之间的关系（在上述例子中指的是两个人"相互认识"）。这些点也可以代表城市，而线段的存在则表明有一条路线将这些城市连接了起来。正如你注意到的，这种模型可以让我们忽略其他的"杂音"，集中精力研究自己感兴趣的事情。

现在，我们很容易想象，20 年前这些点从地理上来说很近，因此，这些线段的两个端点之间相距不是很远。在我看来，即便当时有电话，我们也不太可能去拨打陌生的电话号码与素不相识的人联系，以寻求建立某种形式的对话。显然，互联网的出现改变了所有范式。我们仍然可以与自己的家人、朋友或邻居等小群体保持紧密的联系，但“图”中出现了一些分散的、相距较远的“点”，而我们之前与他们几乎没有任何联系。这些情况反映在奥尔特加和赫尔戈维奇的研究中，我们要把它归功于互联网的出现，当然，也要归功于近来出现的许多应用程序，它们正是为帮助我们寻找伴侣而出现的。

互联网已经给我们的生活带来了巨大的变化，在这种情况下，许多互不相识的人通过互联网建立起了联系。“当我们以这样的方式联系时，之前完全不存在的关系便建立起来了。从这一刻开始，我们不再是仅仅与我们所熟悉的人保持联系了。”

正如我一开始说的那样，我不想说服你认可我的观点。最新的实证表明，人们对数字技术的出现的确持反对意见，然而不可否认，它也给我们的生活带来了非常积极的影响。

那些本来会在孤独中走完一生的人，找到了终身伴侣，而且如果没有其他原因，他们将不再依赖“朋友的朋友”来实现那些无法实现的目标。否认数字科技给我们带来的影响就是否定现实。

附言

仔细观察图 13–1 和图 13–2 可以看出，有三分之一的异性使用互联网找到了伴侣；此外，几乎 70% 的同性伴侣是通过互联网认识的。

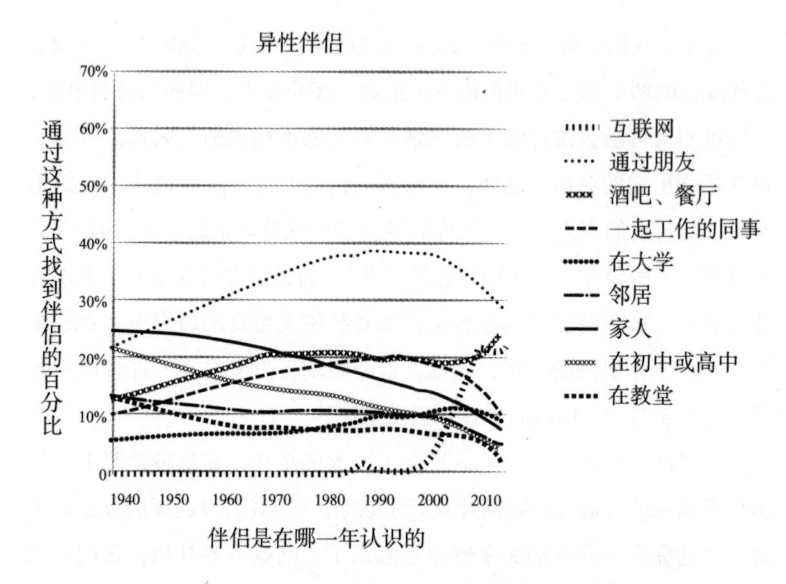

图 13-1 异性通过各种方式找到伴侣的百分比

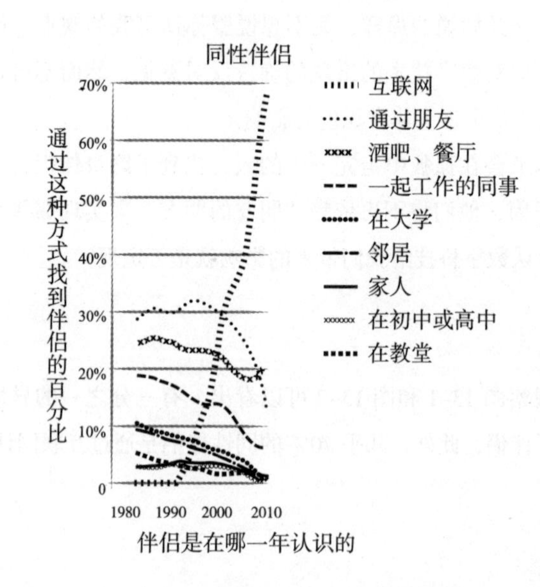

图 13-2 同性通过各种方式找到伴侣的百分比

第 14 章 八次方的力量

2016 年 10 月，我收到了一封来自卡洛斯 · 萨劳特的邮件。我们约好在布宜诺斯艾利斯的一家酒吧见面，聊聊我多年前提到的那个老问题。我们很少见面，但每次见面他都会令我耳目一新。他把自己学到的知识用于造福社会的热情令人惊叹。看他与他的孩子莱昂和莱娅之间的关系，就能了解卡洛斯的内心所想。他尊重他的孩子们（他们现在分别是 10 岁和 8 岁，我说的“现在”是指 2018 年 6 月），从广义上讲，他以自己的奉献精神来教育他的孩子们。就像“我的长辈们”对我所做的那样，卡洛斯以同样的方式和奉献精神，教育着他的孩子们。我说远了，我们回归正题吧。

在电子邮件中，卡洛斯告诉我，有一次，他在学校门口，在家长们经常等待孩子的地方，莱昂（他的儿子）班上一个小朋友的父亲问了大家一个非常特别的问题：“你们谁懂数学，有没有听说过‘富足的织机’或‘丰饶之花’？”卡洛斯回答：“是的，听说过。”当他在邮件中问我时，我告诉他，我没听说过。于是，他给我写了一篇文章，我想跟大家分享一下，因为“这篇文章同样也非常适合本书”。

下面是卡洛斯写给我的文章的大致内容，正如他所定义的那样，这是一个可以用博弈论术语解决的典型问题。

在接下来的文章里，数学中的博弈论有助于“建模”和“理解”我们应该做出什么样的决定。我们来看一下。

1.“富足的织机”或“丰饶之花”是一种游戏。

2. 如果一个人想加入游戏，就必须投入一定金额的钱，如 1 000 美元（其他任何钱数都可以）。

3. 同时一个人还必须让另外 8 个人也加入游戏。

4. 如果这个人能让他们加入，那么这个人将获得 8 000 美元（因为每个加入游戏的人都必须投入 1 000 美元）。

5. 如果这个人没有成功，就将失去他最初投入的 1 000 美元。

假设游戏开始的第一轮中，投入 1 000 美元的参与者得到另外 8 个人每人投入的 1 000 美元。

在第二轮中，这 8 个人中的每一个都必须再找到除了他们自己之外的 8 个人加入游戏。那么，在这一轮结束时，已经有 $8 \times 8=64$ 人参与游戏。

第三轮，前 64 个人每人继续找除了他们自己之外的 8 个人，所以共有 $8 \times 8 \times 8=64 \times 8=512$ 人。以此类推：

在第四轮中，将有 $8^3 \times 8=8^4=4\ 096$ 人加入游戏。

在第五轮中，将有 $8^5=32\ 768$ 人加入游戏。

在第六轮中，将有 $8^6=262\ 144$ 人加入游戏。

在第七轮中，将有 $8^7=2\ 097\ 152$ 人加入游戏。

说到这里我想停一下。不难看出，游戏中人数增长得非常快，这就是所谓的指数增长。我相信你听到过这个词。

如果你算一算，就会发现在第七轮游戏中，需要超过 200 万人加入。由于他们每个人都必须贡献 1 000 美元，为了让游戏继续进行下去，那么总投入会达到 20 亿美元。这是一个令人难以置信的数字。

如果按照阿根廷的人口总数来进行这一场游戏，游戏将在第九轮之前结束；如果按照地球的人口总数来进行游戏，游戏不可能到达第十一轮。

那么，结论是什么呢？至少到这里为止，可以推断出游戏在几轮后结束？现在，我们来分析一下，你不能再继续玩下去的那一刻是什么情况。

如果我们进入了第七轮，就意味着有一群玩家赢了钱，但肯定也有非常多的一群人赔了钱。那么，每种情况下会有多少人赢钱或输钱呢？

原则上讲，如果我们能够进入第七轮游戏，那么之前的所有玩家肯定都会赢钱。如果没有赢钱，就不可能通过这一轮。我们先计算一下有多少人会赢钱，即从第一轮到第六轮所有参加游戏的人有多少，他们总共赢了多少钱。

游戏开始于我们称之为“第零轮”的时候，第一个人（组织游戏和制定规则的人）出现了。

第一轮，有 8 名参与者。

第二轮，有 $8\times8=8^2=64$ 人参与。

第三轮，有 $64\times8=8^3=512$ 人参与。

第四轮，有 $512\times8=8^4=4\ 096$ 人参与。

第五轮，有 $4\ 096\times8=8^5=32\ 768$ 人参与。

第六轮，有 $32\ 768\times8=8^6=262\ 144$ 人参与。

我们把所有参与游戏的人数相加。

$$1+8+8^2+8^3+8^4+8^5+8^6=299\ 593\text{（人）}$$

现在，有多少输钱了呢？如何计算他们的人数？游戏一直持续到第七轮，从这里开始便不能再继续下去，这意味着每一个玩到这一轮的人都是失败者。也就是说，所有进入第七轮的人都输钱了。我猜你想知道有多少人。答案是：2 097 152 人。

看得出来，输钱的人很多。总的来说，赢家和输家共有 299 593 + 2 097 152=2 396 745 人。

那么，该如何计算赢的概率[①]呢？在这种情况下，你必须做相除计算。

$$299\,593 \div 2\,396\,745=0.124999$$

也就是说，赢的概率大约为 0.125，因为它是一个近似值。按照人数比例来算，也就是 1 ÷ 8=0.125，即有八分之一的人赢了，有八分之七的人输了。

最后，我建议你再多做一些计算，目的是让自己不会那么轻易忘记这些百分比，然后再决定不去玩这个游戏。除非你有多余的钱并且不知道该如何花掉它。

假设当游戏结束时，共有 80 万人加入游戏（我们选择整数，即便它是一个很大的数字）。那么这些人必须投入 8 亿美元。在这 80 万人中，只有 10 万人赢走了那 8 亿美元。而剩下的 70 万人，投入的钱都输了，也就是说，这 70 万人中每个人投入的 1 000 美元都赔了。如果按百分比表示，就是 12.5% 的人赢了，87.5% 的人输了。

故事的寓意

在博弈论中，以上类型的问题被称为“零和博弈”。为什么呢？因

① 就本书内容的难度来说，我想应该不用对这一点做过于详细的解释，因为我反复使用了“概率”这个定义。在此，还是要简单说一下：要得到一个概率，必须将获胜者的人数除以参与者的总人数（就像如果一个人想知道轮盘转出相同双数的概率那样，比如将转出偶数的次数 18 除以总共转的次数 37）。

为在这类游戏中不会产生新的价值。赢者的收益是建立在输者投入的钱的基础之上，也就是说，获胜者赢的钱的总和就相当于输者损失的钱的总和。

最后，我们将其定义为“零和游戏”。一个人投入1 000美元，获胜的概率为12.5%（是他投入金额的8倍），输掉他投入的1 000美元的概率为87.5%。

目前，我们尚不清楚介绍这类游戏的那些人是否知道他们在做什么。如果数字及其计算都是按这样的方式进行，那么没有人会说这是个骗局。当你玩这个游戏或轮盘赌时，你会清楚地知道其中会涉及多少个数字。当你选择其中一个数字时，你也会知道自己在做什么，也非常清楚什么情况下自己会赢，什么情况下自己会输。而且你还知道，如果按轮盘赌中的0和00下注，玩家几乎都会输。这都是明确的规则。

然而，“富足的织机”这个游戏和“零和游戏”不一样，甚至正好相反，因为无法计算获胜的概率。参与者根本不知道哪些是或曾是自己成功的机会。从某种意义上说，这才是真正的骗局。

最后

在我看来，卡洛斯·萨劳特的补充似乎非常重要，比他的文章本身重要得多：

> ……
>
> 但是，我们可以通过了解游戏用户的增长情况或者这个游戏的推广情况，来更详细地说明这场游戏的赢家或输家是谁。由于这个游戏需要通过好友邀请加入，因此它具有社交属性。
>
> 在这里，我们可以建立一个能够反映在社交活动中的信息或疾病传播情况的数学模型。这个数学模型将更有助于我们解决实际问题，因为它是对实际问题的一种数学表达，将真实的、复杂的实际情况简单化、抽象化了。

以阿根廷为例，假设有一群“易感人群”（流行病概念中的易受传染人群，这里是指容易被说服的人），加入这个游戏，我们称之为“V组”。

很显然并不是所有的人都是“易感人群”。还有一些人要么是因为没有1 000美元投入游戏，要么是因为这种类型的游戏违反了他们做事的原则，或者出于其他原因没有加入到这个游戏中。

这个“V组”其实是可以被划定范围的群体。我们可以将他们的关系视为一个人际关系“图”，① 其中每个点代表一个人，点与点之间的线段表示社交关系（可以是熟人、朋友、亲戚等）。

在“图”中，信息的传播过程从一个节点开始，然后传播给该节点的8个熟人，再传播给这8个熟人的社交圈子，不断地传播。这里我们把人际关系“图”中的传播现象称为“加入游戏后的传染行为”。

过一会儿，所有和“V组”人群相关的节点都被“传染”了，随后“传染”过程结束。正如我们之前计算过的，在“传染”过程结束后，12.5%的人会是“赢家”，87.5%的人为“输家”。

基于我对人际关系“图”传播过程的了解，以下是我对这个过程的反思。

谁是赢家？

1. 首先，必须是最初加入游戏的人。这说明加入游戏的前后顺序很重要。

---

① 在数学中，“图”是一组端点相连接的图形，其端点也被称为“节点”，此处聚集着很多线段（被称为“交叉线”），它们可代表节点与节点之间的“二元”关系。

2. 处于人际关系“图”中的“中心节点”是很大程度上影响传播动态的另一个因素。因为位于“图”中心处的那些节点是接触其他人最多的节点，因此赢家是位于人际关系“图”上“中心节点”的那些人。

3. 赢家会有很多朋友，他们的朋友也有很多朋友。

4. 处于“中心节点”的那些人最先被“感染”的可能性最大。在这种情况下，这是一件好事，因为先被“感染”的人会有更多获胜的机会。

5. 说服他人的能力也很重要。一个成功的“说客”（例如，通过WhatsApp进行信息交流，或者在会议中沟通，或者通过他们想要使用的社会影响力技巧说服别人的人）能够更快地说服其他除已在游戏中的8个人加入游戏，并将自己定位在获胜的群体中。考虑到传播的动态，这就像一场抢在“易感人群”前面加入游戏，然后再“感染”这些“易感人群”的竞赛。

6. 在这个游戏中，另一个影响因素是社会经济水平。对于钱多的人来说，做出投入1 000美元的决定比钱少的人做出这个决定更容易。因此，在游戏中，高收入人群在这个人际关系“图”中所处节点的传播速度会更快。同样，这种速度也直接影响获胜的机会。

那么，相比之下，谁会输呢？

1. 加入游戏最晚的人。

2. 熟人较少的人。例如，如果有人加入游戏，然后他意识到自己没有8个可能加入的熟人，那么他就彻底输了。

3. 说服力较弱的人。

4. 社会经济地位较低的人。他们很难找到8个有能力投入1 000美元加入游戏的熟人。

游戏的最终结果是投入的钱被重新分配了。人际关系“图”中的节点上的传播动态意味着，钱从掌握资源（金钱、联系人数量、影响力等）较少的人转移到掌握资源较多的人那里。

作为一种社会现象，它非常有趣，我认为它显示了参加游戏的这些人的“社会资本”情况，因为对于人际关系广且具备影响自身人际关系能力的人，赢得比赛的概率高得多。

我认为这就是“富足的织机”游戏的“魔力”所在。社会影响力比较大的人可以毫不费力地赢得 8 000 美元或游戏中的某个金额。这确实很厉害！

但是，这一问题缺少最后一个方面的讨论，那就是道德问题。

“富足的织机”这个游戏常常以“增强女性权益”“理解女性”“帮助女性实现梦想”作为吸引女性玩家的宣传主题。例如，曾经有这样一则广告：“女人，请相信你自己，加入我们并释放你的光彩。”（http://www.pagina12.com.ar/diario/sociedad/3-308003-2016-08-29.html）

事实上，这种宣传的背后隐藏着一个巨大的“陷阱”：有 87.5% 加入这个游戏的女性玩家最后都会输钱。为了隐藏这个骗局，需要一系列谎言和对“相信”和“信任”进行呼吁。实际上这就是一种专门针对女性群体的骗局。

还有一点最让人恼火，就是所有对女权主义话语的滥用和对女性团结的呼吁。实际上“富足的织机”游戏的结果是钱从位于人际关系“图”边缘的人那里转移到位于“图”中心节点上的人那里，因为处在人际关系“图”中心节点上的女性有更多的资源、更大的人际关系网和对其他女性更大的影响力。赢家最终滥用输家对他们的信任并拿走了她们的钱……

无论如何，如果你有熟人在犹豫要不要加入这个游戏时，请给他们讲解一下“八次方”这个话题。

第 15 章　幽默

接下来讲一个似乎很搞笑的笑话。我的确知道在还没讲完这个笑话之前就有人知道笑点会是一个什么场景：只会是我一个人觉得好笑。你会这样想：这有什么好笑的？

可我的确觉得这个笑话很有趣。照着下面的步骤去做：

1. 在 0 和 20 之间随意选一个数字。

2. 用选出的这个数字加 32。

3. 用相加后得到的结果乘以 2。

4. 把相乘的结果再减 1。

5. 现在把眼睛闭上，答案是：眼前一片漆黑。对吗？

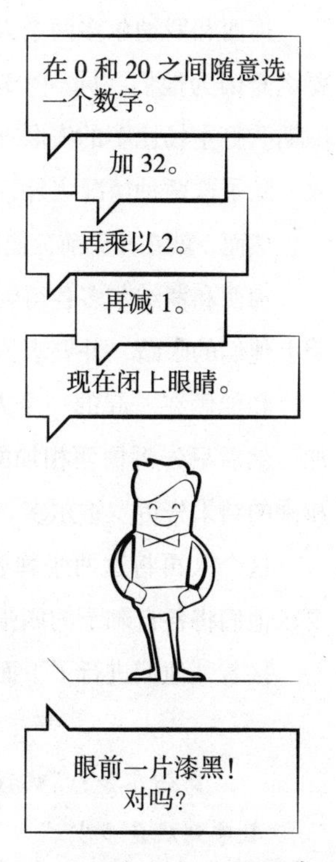

图 15-1　讲这个笑话的步骤

第16章　梅西和罗纳尔多

梅西和罗纳尔多两个人试图避免互相见面，但有时他们却做不到，要么是因为他们在同一个球场（巴塞罗那的诺坎普球场，或者是尤文图斯队打主场比赛的安联球场），要么是因为他们是年度最佳球员候选人。除了这两种情况之外，他们几乎不会相遇。

然而，就在几天前，他们相遇了。两个人相遇后，发生了以下情况。

梅西和罗纳尔多各得到五张牌，上面的数字是自然数1到5。然后蒙上他们的眼睛，并要求他们从这五张牌中选出一张放在桌子上。

和他俩在一起的一个人把他们放在桌子上的这两张牌上的数字相加，然后只告诉梅西相加的结果；最后再将这两个数字相乘，并只将相乘的结果告诉罗纳尔多。

这个人再将这两张牌放在口袋里，不让梅西和罗纳尔多看到，并要求他们将各自剩下的四张牌交出来放在抽屉里。

接着，他们进行了下面的对话：

罗纳尔多："就我听到的数字而言，我不知道这两张牌上的数字到底是多少。"

梅西："哦，真有趣！如果你不能推测出这两张牌上的数字是多少，那么我可以，我知道我们选择的这两张牌上的数字是多少。”

罗纳尔多：“你或许猜到了，但我现在仍然不知道这两张牌上的数字是多少。”

梅西：“我帮你吧，他告诉我的数字比告诉你的数字要大。”

罗纳尔多：“谢谢。现在我也知道这两个数字是多少了。”

问题：梅西和罗纳尔多各自选择了哪个数字？

请注意，并不是让你告诉我他们选择的是什么牌，而是让你告知我他俩选出的那两张牌上的数字分别是多少？

现在轮到你了。

你可以先跟着我的思路继续，如果你在阅读过程中发现了可能的解决方案，可以停止阅读并自己进行计算。这样你就能理解我的思路了。

不管是梅西还是罗纳尔多，他们都必须从各自的五张牌中选择一张牌。那么，我试着写一下他们选择的牌上的数字之和应该是多少，以及他们选的两个数字分别是多少。

首先，我们看看他们两个人选的两张牌上的数字之和可能是多少。梅西可能会听到什么数字？它一定是以下数字之一：

2，3，4，5，6，7，8，9，10

为什么他没有听到数字1？因为他们每个人都要从1至5这几个自然数中选择一个数字，随后将所选的两个数字相加，而他们各自手中五张牌上的最小数字是1，所以这两个数字之和不能小于2。同样，梅西听到的最大数字可能是10，因为两个人各自拿到的五张牌上的最大数字都是5。

除了数字 2 和 10，梅西还可能听到的数字是 3，4，5，6，7，8，9。我想，你可以自行推断出来。

现在，和我一起分析一下如果把他们两个人选中的两张牌上数字相乘可能的结果是多少。把你分析的结果和我分析的结果对比一下，看看是否和我的分析一致。我们很容易推断出他们两个人选中的两张牌上数字相乘后的积是 1，2，3，4，5。除此之外，还有可能是 6，因为它是 2 和 3 的乘积。但现在我想问你：相乘后的积会是 7 吗？

答案是否定的。但是，有办法得到 8，9，10。那么可以得到 11 吗？不能。那 12 呢？可以，即 3×4。

你也不能得到 13 和 14，但可以得到 15（3×5）和 16（4×4）。同样，你不能得到 17，当然你也得不到 18 和 19，但你可以得到 20（4×5）。接下来是哪个？你不想自己思考一下吗？最后一个，即唯一缺少的那个，是 25，因为 $5\times5=25$，在这种情况下，他们都选择了自己手中牌上的最大数字。

综上所述，如果把他们选中的两张牌上的数字相乘，可能得到的数字有：

1，2，3，4，5，6，8，9，10，12，15，16，20，25

现在该怎么继续？我们来看一下，罗纳尔多在上面的对话中说自己不能推测出所选牌上的具体数字。那么，到底发生了什么让他无法推算出这个数字呢？

请注意，如果罗纳尔多听到的是数字 1，他会立即知道他们两个人都选择了 1。如果罗纳尔多听到的是 20，那么，他们选择的数字分别是 4 和 5。但罗纳尔多说自己不知道是哪两个数字。那么，发生了什么会让罗纳尔多不知道是哪两个数字呢？罗纳尔多听到的数字一定可以通过多种方式计算出来，例如，1 或 20 就只有一种计算方法能够得到。

罗纳尔多听到的数字可能是哪些呢？我们一一分析一下。

$$1=1\times1$$
$$2=1\times2$$
$$3=1\times3$$
$$4=2\times2 \text{ 或 } 1\times4$$

在这里，我想停一下。如果罗纳尔多听到的数字是 1，2 或 3，他就会知道放在桌上的两张牌上的数字是什么。如果他听到了数字 4，他就不能推断出这两个数字，因为这两个数字可能是 2 和 2，或者 1 和 4。

我们继续来看：

$$5=1\times5$$
$$6=2\times3$$
$$8=2\times4$$
$$9=3\times3$$
$$10=2\times5$$
$$12=3\times4$$
$$15=3\times5$$
$$16=4\times4$$
$$20=4\times5$$
$$25=5\times5$$

也就是说，罗纳尔多唯一能听到的数字是 4。如果再加上其他的信息，他就可以推断出这两张牌上的数字是多少。那么，之后又发生了什么？

当罗纳尔多说自己不知道时，梅西便猜到了罗纳尔多听到的肯定是 4，也就是说，他们两个人手中的数字可能是 2 和 2，或者 1 和 4。

我想你一定在想：我们还可以考虑梅西听到的数字。是的，梅西在第一次对话中说道："如果你不能推测出这两张牌上的数字是多少，那么我可以。"这就表明他猜到了罗纳尔多听到的数字是 4，再根据他自己听到的数字，他便可以推测出答案，但罗纳尔多不能。因为如果梅西听到的数字是 4，那么他们两个人选择的两张牌上的数字都是 2；如果梅西听到的数字是 5，那么这两个数字必须是 1 和 4。无论是哪一种情况，梅西都可以准确地推断出是哪两个数字。

到这里，我想我们应该可以明白梅西能够推断出这两个数字的原因了吧！在对话最后，罗纳尔多仍然说自己猜不到。随后梅西向他提供了帮助，说："他告诉我的数字比告诉你的数字要大。"对于当时正在迟疑、不知道梅西听到的到底是 4 还是 5 的罗纳尔多来说，在听到梅西的话后，得知梅西的数字比他自己的大，罗纳尔多便明确了答案。所以，罗纳尔多也就猜到了这两个数字分别是 1 和 4，因为梅西听到的数字比罗纳尔多听到的数字大。

换句话说，在那一刻，他们俩都知道发生了什么：一个人选择了 1，另一个人选择了 4。我们不知道他们当中哪个人拿到了哪个数字，但我们知道是哪两个数字。

好了，问题到此结束，但我还是想做最后一个解释，虽然我想你应该看出来了，但我还是想把它讲出来。本章中出现的对话是虚构的，几乎都是我编写的内容。至少这些内容是根据我所知道的知识编写的。重要的是，这个问题曾出现在新加坡 11 岁以下儿童的数学竞赛考试中。当然，我还会利用其他时间跟你继续讨论诸如此类的问题。

现在，这个问题到此结束，你可以稍作休息了。

第 17 章　你撒谎，你撒谎

我有一个美国朋友，他叫戈登·费尔斯特伦，他总喜欢向我提出一些逻辑性比较强的问题。他的这些问题也成为我思考的“引擎”。我被他的创造力所折服，我觉得我对他有一个承诺：如果我把他向我提出的所有具有挑战性的逻辑问题归纳出版，那我就应该出版的是一本解答这些问题的书了。

不管怎样，我要为他正名，展示其中的一些问题。这可能是一个非常简单的问题，但非常值得大家思考。我们开始吧。

假设有一个人，我们就叫她德博拉吧。每逢星期一、星期三和星期五她就会撒谎，而在一周的其余四天里，她就是讲真话的人。

有一天，我在街上遇到她，我们进行了如下对话。

> 我：“你好，德博拉，今天是星期几？”
>
> 德博拉：“星期五。”
>
> 我：“那明天是星期几？”
>
> 德博拉：“星期二。”

问题：你知道我们是在一周的哪一天进行对话的吗？或者说，你能推断出我们是在星期几进行对话的吗？

解答

当然，有很多种方法来解决这个问题。我将在此提出其中一种。我们一起来分析一下。

详细了解每一天的情况，检查对话是否与任何假设矛盾。

1. 会不会是星期六？不是，因为她在星期六必须说实话。如果对话发生在星期六，那么在对话中她不可能说今天是星期五，而应该说是星期六。因此，可以排除星期六这一天。

2. 会不会是星期日？也不是，因为她在星期日也必须说实话。如果对话发生在星期日，她不可能回答今天是星期五。星期日也被排除在外。

3. 会不会是星期一？由于她在星期一会撒谎。而她告诉我今天是星期五，这就符合这道题的条件，即她在星期一会撒谎。问题出在第二个答案上。如果今天是星期一，当我问她明天是星期几的时候，她不能回答是星期二，因为她在星期一肯定会撒谎。当她回答明天是星期二的时候，她告诉我的是真话。因此，排除星期一这种可能性。

4. 会不会是星期二？不是，因为她在星期二必须说实话。因此，如果她回答今天是星期五，她就在撒谎。星期二也被排除在外。

5. 会不会是星期三？我们知道她在星期三会撒谎。因此，她回答说今天是星期五，她就是在撒谎，这也是有可能的。我们来看看对话中我的第二个问题。当我问她“明天是星期几？”时，她肯定不能回答是星期四，因为如果这样就相当于她告诉了我真话。由于她回答明天是星期二，这就意味着符合假设。因此，对话可能发生在星期三。

现在我们继续分析剩下的两天，即星期四和星期五。

6. 会不会是星期四？不是，因为在星期四她要说实话，因此她不可能回答今天是星期五。所以，星期四被排除在外。

7. 会是星期五吗？星期五的时候，她会撒谎，而她回答说今天是星期五，说明她是在说实话。因此，对话发生在星期五的可能性被排除了。

综上所述，这次谈话发生在星期三，因为如果对话是在一周中的其他任何一天发生，都会与我们最初提出的前提条件相矛盾。

第 18 章　女士与老虎

下面我会谈到三个例子，这三个例子中涉及问题的规则几乎一样。请你慢慢思考这些问题。也就是说，如果你现在没有时间，就可以保留这些问题，等到时间充裕的时候再解决。实际上，学会带着问题去思考是一件让人着迷的事情。在此过程中，它有助于培养你承受挫折、接受不能马上成功及不会对没有立刻得出答案而自责的心态。我坚信失败是成功之母。

显然，你几乎不可能（并不是说完全不可能）遇到我提出的以下三种情况中的任何一种。然而，这个故事也并不是以“受挫折为代价”来使你获得生活中的某些经验。不管怎样，这也只是我个人的观点。如何选择就由你来决定吧。下面我们一起来看看。

这三个例子都有其共同之处，我先详细地介绍一下。

有一个囚犯，名叫亚历克西斯，他想重获自由。在服刑期间，亚历克西斯专心锻炼自己的推理能力。监狱长想给亚历克西斯一个重获自由的机会：他将亚历克西斯带到两间房子前，如果亚历克西斯能正确回答下面三个例子中涉及的问题，就可获得释放。

两间房子并不相通，每个房间里可能有一位女士或一只老虎，但都不会是空的。有可能每个房间都会有一位女士或者都会有一只老虎，或者一位女士在一个房间，而一只老虎在另一个房间。当然还有一个提示，每个房间的门上都贴着一块标语牌。

亚历克西斯每次选择前，监狱长会改变 1 号房间和 2 号房间门上的标语内容，同时告知他门上标语的真实性。而亚历克西斯必须确定选择哪一间房：如果他选择的那间房子里有一位女士，他就能获得自由；如果他认为这两个房间里都会有老虎，他就可以说他不想打开任何一间房的门。如果他的决定是对的，那么他同样可以获得自由。接下来，我们一起来看一下。

第一个例子

1 号房间门上的标语："这间房里有一位女士，另一间房里有一只老虎。"

2 号房间门上的标语："在这两间房里，有一间房里是一位女士，另一间房里是一只老虎。"

监狱长告诉亚历克西斯，只有一个标语是真的，而另一个标语是假的。

那么，亚历克西斯应该选择哪间房呢？

我建议你也考虑一下，随后跟着我看看这个问题的解决方案。

解答

亚历克西斯知道这两个标语中有一个是真的，而另一个是假的。我们假设 1 号房间门上的标语是真的。那么亚历克西斯不仅知道在两个房间里只有一位女士，还知道这位女士在哪个房间里。

有趣的是，如果 1 号房间门上的标语是真的，那么 2 号房间门上的标语也一定是真的。为什么呢？因为如果 1 号房间门上的标语是真的，亚历克西斯就可以推断出两个房间里既没有两位女士也不会有两只老虎，这也正好验证了2号房间门上的标语。因此，假设1号房间门上的标语是真的，则意味着2号房间门上的标语也是真的，这与规则矛盾。

因此，1号房间门上的标语不可能是真的，这样，2号房间门上的标语为真的的可能性更大。如果2号房间门上的标语是真的，那么亚历克西斯就可以推断出两个房间里分别有一位女士和一只老虎。由于1号房间门上的标语肯定是假的，那么这位女士不可能在1号房间里，因此她肯定在2号房间里。这个问题便轻松解决了。

第二个例子

1号房间门上的标语："两个房间中至少有一个房间里有一位女士。"

2号房间门上的标语："在另一个房间里有一只老虎。"

现在监狱长告诉亚历克西斯："贴在两个门上的标语，要么都是真的，要么都是假的。"

有了这些新信息，亚历克西斯应该选择哪个房间呢？你会建议他怎么做？

解答

假设2号房间门上的标语是假的，就意味着1号房间里有一位女士，这就要求1号房间门上的标语必须是真的。换句话说，两个标语不可能都是假的，如果2号房间门上的标语是假的，那么1号房间门上的标语就一定是真的。

因此，这两个标语都必须是真的。

答案：1号房间里有一只老虎，2号房间里有一位女士。

第三个例子

1号房间门上的标语："或许在这个房间里有一只老虎，或许在另一个房间里有一位女士。”

2号房间门上的标语：“在另一个房间里有一位女士。”

与第二个例子一样，要么两个标语都是真的，要么两个标语都是假的。注意一点，这一点并不总是会被考虑到：1号房间门上的标语“或许在这个房间里有一只老虎，或许在另一个房间里有一位女士”中的两条信息可能都是真的，也就是说，它们并不互相排斥。

那么，现在我换一种问法：

（1）1号房间里有女士还是老虎？

（2）2号房间里有什么？

解答

假设这两个标语都是假的。如果1号房间门上的标语是假的，则标语中的两种可能性都必须是假的。也就是说，1号房间里没有老虎（肯定有女士），2号房间里没有女士（肯定有老虎）。

换句话说，如果1号房间门上的标语是假的，那么可以推断出：

1号房间：有一位女士。

2号房间：有一只老虎。

既然我们假设这两个标语都是假的，那么2号房间门上的标语也是假的，由此推断出1号房间里一定有老虎。

但这是不可能的，因为我们刚刚推断出1号房间里一定有一位女士。

这就说明这两个标语不可能都是假的。

现在我们再看看如果这两个标语都是真的，接下来会发生什么。如果2号房间门上的标语是真的，那么1号房间里一定有一位女士。但是由于我们假设1号房间门上的标语也是真的，并且我们已经推断出1号房间里有一位女士，那么在2号房间里也一定有一位女士。

因此，这两个房间里都各有一位女士，没有老虎。

结论

生活中可能不会遇到这种情况，既没有女士，也没有老虎，更没有标语牌或其他任何东西来提醒你。但是我相信尊重不同环境下的“游戏规则”，有用且很重要。事实上，我们一直生活（或者说肯定生活）在不同的可能中并进行选择。对吧？

第 19 章　字母代表数字：二加二等于三

我们来看这样一个奇怪的算式，算式显示的结果似乎不是正确的：

$$\begin{array}{r} DOS \\ +\ DOS \\ \hline TRES \end{array}$$

接下来的问题是，要试着找到这个求和算式的含义。为此，我建议你将每个字母替换为一个自然数。需要注意的是，每次该字母出现时，都表示对应的那个数字；更需要注意的是，不能出现两个不同字母对应一个相同数字的情况。讲到这里，我们一起来思考一下该如何分配，才能使字母替换为数字后得出正确的和。

我们看一下以上算式。字母 S 重复出现，两个 S 相加后得出的也是 S，也就是说，TRES 结尾处的 S 不能是奇数（S+S 是偶数）。那么，我们发现 S 也不能是 2，4，6 和 8 等，因为 2+2=4，4+4=8，6+6=12，8+8=16。因此，唯一的可能是 S=0，因为 0+0=0。

由于数字 3 的西班牙语 TRES 由四个字母组成，第一个字母 T 应该是代表 1，因为两个小于或等于 999 的数字相加不会等于 2 000 或更大的数字。

那么，我们便能得出了 T=1。

这也告诉我们 D 是大于 5 的数字，但它不可能是 5，因为 5+5=10，如果我们在计算两个 O 的和时，先把 T=1 中的 1 写出来，那么，TR 将会是 10 或 11，而且由于 T=1，S=0，那么 O 就不可能是 1 或 0。

现在我们来看一下当 D=6 时是否有解，我们从最小的自然数开始试验。因为我们已经使用了数字 0 和 1，所以我们从 O=2 开始。如果字母 O=2，那么，就会得到一个等式：DOS+DOS=620+620=1 240=TRES。但是我们从中会发现，有一处矛盾，就是 R 也等于 2。于是，我们就要排除 O=2 这种情况。

如果 O=3，那么算式就是：630+630=1 260。这种情况也不行，因为我们发现，如果是这样，则 D=E=6，而 D 与 E 不能重复。所以，这种情况也被排除了。

如果 O=4，那么算式就是：640+640=1 280。现在发生了什么？你不想自己思考一下吗？我继续往下说。

这个等式没有任何问题。因此，这个问题的解决方案是：

DOS+DOS=TRES，即 640+640=1 280，其中 S=0，T=1，R=2，O=4，D=6，E=8。

第 20 章　诚实的学生和说谎的学生（一）

教室里，4 个学生围着一张圆桌坐着。这时，一位辅导老师走过来说："我能知道你们当中有多少人在说真话，有多少人在说谎。告诉我，你们当中谁最爱说谎？" 4 个学生同时指向了坐在各自左边的那一个人。那么，有多少个说谎的学生呢？

与往常一样，我建议你不要立即往下阅读，花点时间自己思考一下。

答案：两个学生，而且是交替坐着的学生。但我不知道是哪两个学生。为什么呢？

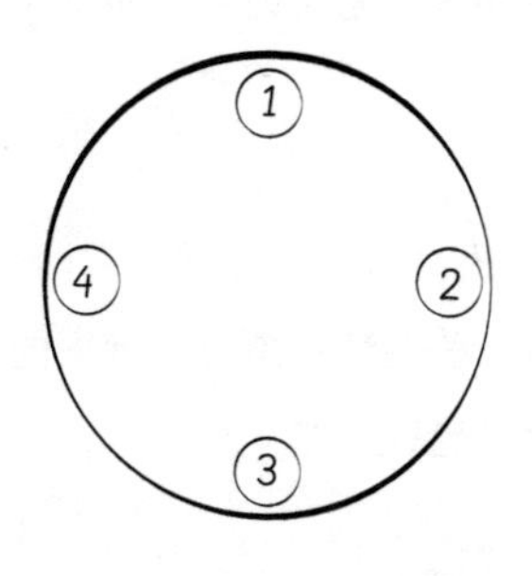

图 20–1　围桌而坐的 4 个学生示意图

如图 20–1 所示的这 4 个数字代表 4 个学生。我们先选择数字 1，它代表学生 1。由于你会最先注意到这个数字，所以我们选择它，至于从哪个数字开始不重要。

学生 1 会是说谎的学生吗？他可能是，也可能不是，这不是关键。

1. 如果学生 1 是说谎者，当他的手指向学生 2 时，就意味着学生 2 不是说谎的那个人。随后，当学生 2 指向学生 3 时，学生 3 一定是说谎的人。那么，两个说谎的学生就是学生 1 和学生 3。

当学生 3 指向学生 4 时，说明他是说谎的人时，也就意味着学生 4 不是说谎的人。

结论：假设学生 1 是说谎者，我们能推断出学生 2 和学生 4 不是说谎者，那么，学生 1 和学生 3 就是说谎者。

2. 假设学生 1 不是说谎者，像我们在上面那样去做（我建议你也可以自己做一下），那么学生 2 就是说谎者，学生 3 不是说谎者，学生 4 是说谎者。

结论：学生 1 和学生 3 不是说谎者，而学生 2 和学生 4 是说谎者。

总结

不管从哪个学生开始，结果都一样：有两个学生在撒谎（交替出现的那两个学生），两个学生没有撒谎（剩下的那两个学生）。唯一的问题是我们不知道到底是哪两个学生。

第 21 章　诚实的学生和说谎的学生（二）

我有两个朋友，他们总是喜欢待在一起。他们当中每一个人要么是非常诚实的人，要么是谎话连篇的人。我遇到了其中一个，他对我说："我跟我的那位朋友中至少有一个人爱撒谎。"那么他们分别是什么样的人？也就是说，跟我说话的这位朋友是诚实的人还是爱撒谎的人，没有与我交谈的那个人又是什么样的人呢？

现在轮到你思考一下了。

我有一种思考方法：

这个方法是，分别假设跟我说话的这个人是诚实的人和爱撒谎的人。接下来会发生什么呢？

如果跟我说话的这个人撒谎了，那么他的话"至少有一个人爱撒谎"就是谎言。这意味着什么呢？你不想思考一下吗？我继续往下说。

如果"我跟我的那位朋友中至少有一个人爱撒谎"这句话是谎言，就意味着他们都是诚实的人。但是，我之前已经假设跟我说话的这个人不是一个诚实的人，这就有矛盾了。由此可以推断：跟我说话的这个人肯定是诚实的人。

因此，正如他告诉我的那样，他们两个人中有一个人爱撒谎，而他肯定不是爱撒谎的那个人。那么，没跟我说话的那个人就是爱撒谎的人。于是，这个问题解决了。

第 22 章　胡安·巴勃罗·皮纳斯科的“小问题”

胡安·巴勃罗·皮纳斯科递给我一个骰子，但这个骰子和传统意义上的骰子不同，骰子每一面上的数字都是自然数 1 到 6 中的任何一个数字，而且每一面上的数字和其相对那个面的数字相加和为 7。然而，有一天，当我和一群朋友聊天的时候，他们中的几个人告诉我，他们从未注意到这一事实。这使我很惊讶。不过不要紧，我继续往下说。

后来，胡安·巴勃罗·皮纳斯科又给了我一个很特别[①]的骰子，告诉我，虽然这个骰子没有按常规的方式刻上点数，但每一面和其相对那一面的数字相加的和也是相同的，这一点仍然有效。他没有让我看，就把骰子放在桌子上，我能看到五个面上的数字是：8，15，17，24 和 28。

这时他问我：“没看到的那一面上的数字是什么？”

解答

当然，你得牺牲自己消遣娱乐的时间来阅读下面的内容。

① 在这里“特别”指出，这个骰子的点数不是我们常见骰子的点数，常见的骰子点数是从 1 到 6。

看不到的那一面上的数字是4。这是为什么呢？因为我以这样的方式匹配数字（相对两个面上的数字之和）：

$$17+15=32$$
$$24+8=32$$

也就是说，我以这样的方式对数字进行配对，配对后将它们相加就得到32。唯一没有配对的数字，或者说唯一没有配对的那个面上的数字，是28。然后我将不得不回答这个问题[①]：等式 $28+x=32$ 中的 x 是几？我们可以明显地推算出 $x=4$。

① 我建议你对这5个数字进行所有可能的排列组合（两个数字一组），你会发现唯一的答案就是4。

第 23 章　我们是否找到了生成质数的公式

这些年来，只要有机会，我都会特别关注“质数”。我们目前知道的质数还只是少数，仍然还有很多未知的质数。当然，我们关注这些质数基本都是以研究、分析甚至玩乐为主题，然而一些开放的问题，或者说解决这些问题的思路，往往被我们忽略了。而且一般来说，这些问题往往看起来很简单，却很难找到答案。

欧几里得在 2 200 多年前就证明了质数有无限多个，而且得出这个结论并不难。

虽然质数有无限多个，但我们不知道这些质数在自然数中是如何分布的。例如，我们知道，每两个连续的非 0 自然数中，有一个一定是奇数（或偶数）。这一点不难证明。我们不仅知道有无限多个偶数，也知道如何找到它们。但是到底有多少个质数，直到今天我们也不知道。

我们知道可以有无穷多个质数，但不知道它们的分布情况。也就是说，即便你找到了一个质数，也不知道下一个质数要到什么时候才能找到。

或许我们可以用比较简单的方式问这个问题：是否存在在 1 000 个连续的正整数中没有一个质数的情况呢？这种情况存在。

那么，如果问题是“是否存在在 100 万个连续的正整数中没有一个质数的情况呢？”这种情况也存在。可以有 100 万个连续的正整数，但其中可能没有一个质数。

事实上，对于任何正整数数列都是如此。也就是说，即使问题是“是否存在在 1 000 亿个连续的正整数中没有一个质数的情况呢？”这种情况仍然存在。尽管数字有无限多个，但类似问题的答案可能都一样。

还有一个非常有趣的事实：我们不仅不知道质数是如何分布的，而且在寻找“下一个”质数的时候也没有已知的公式可供使用。

假设有一个人对此不甘心，说：“是否有一个公式至少能帮我们找到所有质数中的一部分呢？”这个问题的答案是否定的，没有任何公式可以帮助我们找到质数。

几天前，艾丽西亚·迪肯斯坦给我发来一份清单，上面这样写道：

1. 数字 31 是质数。(你验证一下就知道了)
2. 数字 331 是质数。
3. 数字 3 331 是质数。
4. 数字 33 331 是质数。
5. 数字 333 331 是质数。
6. 数字 3 333 331 是质数。
7. 数字 33 333 331 是质数。

到这里，我们可以停下来思考一下。面对这些“数据”，有人或许会推断：我们已经找到了一个可以“生成”质数的公式，虽然这个公式不能帮助我们找到所有质数，但如果我们继续按这个公式推算，就会获得无限多个质数。如果是这样，那么如同一个人把数字 3 放到开头，并把数字 1 放在结尾，得到的数字应该都是质数。然而，很快就发生了我们不希望看到的现象：数字 333 333 331 不是质数，因为 333 333 331= 17 × 19 607 843。

真的很遗憾，但现实就是这样！

第 24 章　谁赢的概率最高

日常生活中，我们在做决定时，往往会犹豫不决，这是因为要么我们手上没有足够支撑做决定的数据，要么没有足够的时间去思考和评估风险。

这时候，我们除了“被迫”根据直觉做出决定外，别无选择。当然，这样做没有问题，但是我们怎么确保自己的直觉是对的呢？或者说在任何情况下，我们如何才能保证相信自己的直觉？你做事情一直都凭直觉吗？哪些情况下的直觉是对的，哪些情况下的直觉是错的？

下面有一个实例能帮助你在没有人察觉的情况下自行测试，你自己就可以完成它。问题很简单，我建议你尝试将其分两个阶段得出结论。

1. 想一想下面将要发生的事情，并根据你的直觉做出一个判断。

2. 然后自己尝试思考这个问题并比较两个结果：你猜到了什么和实际发生了什么。

现在我们开始进入这个测试。

假设在袋子 A 中有 5 张分别写有数字 1，2，3，4，5 的卡片；袋子 B 中有 10 张卡片，上面分别写着数字 1，2，3，4，5，6，7，8，9 和 10。

现在假设你身边有两个人：为了方便起见，我称他们为劳拉和丹尼尔。他们每个人都必须做到以下两点：

1. 劳拉从袋子 A 中随意抽出（不能看）两张不同的卡片，并将卡片上的两个数字相加。

2. 丹尼尔从袋子 B 中随意抽出（同样不能看）一张卡片。

问题：丹尼尔随意抽到的数字大于劳拉随意抽到的两个数字之和的概率是多少？

你的直觉告诉你结果是什么呢？你不用在意最终的结果，只须评估正在发生的事情就可以了。哪个人更有可能赢呢？（谁的数字大，谁就赢）丹尼尔抽到的数字是否会大于劳拉抽到的两个数字之和呢？

现在轮到你单独思考一会儿了。

解答

我不知道你选择哪一个人会赢，但我想给你提供一些思考方法。

首先，我将列出劳拉从袋子 A 中抽出两张卡片后可能得到的结果。这取决于她抽取了哪一对数字。以下是所有可能的情况及每对数字的和：

$$1+2=3$$

$$1+3=4$$

$$1+4=5$$

$$1+5=6$$

$$2+3=5$$

2+4=6

2+5=7

3+4=7

3+5=8

4+5=9

共有 10 种可能性。注意：在上面的等式中，虽然劳拉各有一种方法可以使抽到的两张卡片上的数字相加的和为 3，4，8 或 9，但有两种方法可以使抽到的两张卡片上的数字相加的和为 5，即分别抽到 1 和 4 或者 2 和 3；还有两种方法可以使抽到的两张卡片上的数字相加的和为 6，即分别抽到 2 和 4 或者 1 和 5；最后，有两种方法可以使抽到的两张卡片上的数字相加的和为 7，即分别抽到 2 和 5 或者 3 和 4。

为什么要分开看呢？因为这样能更直观地分析不同情况下的输赢。如果丹尼尔抽到的数字是 8，那么劳拉有两次机会能让丹尼尔不赢。你能想到是哪两次机会吗？请注意，丹尼尔只会在劳拉抽到 4 和 5 的时候输；或者当劳拉抽到 3 或 5 时，两个人“打成平局”。

接下来，我将提出两种解决问题的方式：一种是手算，直接通过计数与核查；另一种是使用一点儿概率的方法。你可以思考自己的推理方式。如果没有思路，请继续跟着我看下面的内容，看看其中哪种方式比较适合你。

第一种解答方式

由图 24–1 可知，丹尼尔仅有 40% 的机会获胜。那么，在进行分析之前，你觉得丹尼尔获胜的概率会超过 40% 吗？

	劳拉	1, 2=3	1, 3=4	1, 4=5	1, 5=6	2, 3=5	2, 4=6	2, 5=7	3, 4=7	3, 5=8	4, 5=9	
丹尼尔												
10		○	○	○	○	○	○	○	○	○	○	10
9		○	○	○	○	○	○	○	○	○		9
8		○	○	○	○	○	○	○	○			8
7		○	○	○	○	○	○					6
6		○	○	○		○						4
5		○	○									2
4		○										1
3												
2												
1												40
		7	6	5	4	5	4	3	3	2	1	40

图 24-1　计数与核查的方式

第二种解答方式

在我们进一步讨论之前先来思考一个问题：袋子 B 中的任何一个数字被丹尼尔抽到的概率是多少？

显然所有数字被抽到的概率相同。因此，丹尼尔抽到任何一个数字的概率为 1/10。

接下来，我们一起来讨论一下丹尼尔在每个可能的选择下会发生什么。

1. 如果丹尼尔抽到了数字 10，他就会赢。

2. 如果丹尼尔抽到了数字 9，并不能保证他一定赢，因为劳拉也可能会抽到数字 4 和 5。也就是说，在劳拉的 10 对可供抽到的数字中，当她抽到 4 和 5 时，丹尼尔就不能赢她。如果劳拉抽到其余 9 对数字中的任何一对，丹尼尔都会赢。换句话说，在劳拉抽到的 10 对数字的选择中，丹尼尔有 9 次会赢。

3. 如果丹尼尔抽到数字 8，那么在什么情况下他会赢呢？必须保证劳拉没有抽到 4 和 5 或者 3 和 5。换句话说，丹尼尔在劳拉另外 8 对的数字选择中获胜。

4. 如果丹尼尔抽到的是数字7，你认为会发生什么？在哪些情况下丹尼尔会获得胜利？请注意，如果劳拉抽到4和5、3和5、2和5，或者3和4这四对数字中的任何一对数字，丹尼尔就不会赢。也就是说，丹尼尔会在劳拉其他6对数字的选择中获胜。

5. 如果丹尼尔抽到数字6，那么劳拉在抽到4和5、3和5、2和5、3和4、2和4，或者1和5中的任何一对数字时，都不会输。也就是说，在这种情况下，丹尼尔就不会赢。因此，丹尼尔只剩下四次能赢劳拉的机会。

6. 如果丹尼尔抽到了数字5，那么只有劳拉在抽到1和2或者1和3这两对数字中的任何一对时，丹尼尔才会获胜。除此之外，在其他所有的情况下，要么劳拉会赢，要么二人打成平局。

7. 如果丹尼尔抽到了数字4，他只会在一种情况下获胜——当劳拉抽到1和2时。

8. 如果丹尼尔抽到了数字3，他就永远不会赢，因为劳拉抽到的两个数字的和最小是3。同样，如果丹尼尔抽到数字1或2，那么他也永远不会赢。

该如何解答这个问题呢？我们将所有的数据信息放在一起，看看能推断出什么。为此，我将进行以下操作。正如我之前说的，丹尼尔抽到任何数字的概率都是1/10，但是他抽到每个数字并获胜的概率不同，因为这取决于劳拉抽到了哪两个数字。

我想先告诉你该如何计算这些概率。为此，我将根据丹尼尔抽到的数字计算出概率。

1. 如果丹尼尔抽到数字10，他肯定会赢。但是他只有1/10的机会抽到数字10。所以1/10是随后进行概率运算时得到的第一个数。

2. 如果丹尼尔抽到数字9，就可以胜过劳拉抽到的10对数字中的

9 对。丹尼尔有 1/10 的机会抽到数字 9。将 1/10 乘以劳拉抽到其余 9 对数字中任何一对数字的概率。结论：在这种情况下，概率为 9%，即 1/10×9/10=9/100。

3. 如果丹尼尔抽到数字 8，就能胜过劳拉抽到的 10 对数字中的 8 对。和前面一样，他有 1/10 的机会抽到 8。将 1/10 乘以劳拉抽到另外 8 对数字中任何一对数字的概率。结论：在这种情况下，概率为 8%，即 1/10×8/10=8/100。

4. 如果丹尼尔抽到数字 7，就可以胜过劳拉抽到的 10 对数字中的 6 对。跟前面一样，他有 1/10 的机会抽到 7。将 1/10 乘以劳拉抽到 6 对数字中任何一对数字的概率。结论：在这种情况下，概率为 6%，即 1/10×6/10=6/100。

5. 现在我推进得再快一点。如果丹尼尔抽到 6，就能胜过劳拉抽到的 10 对数字中的 4 对。结论：在这种情况下，概率为 4%，即 1/10×4/10=4/100。

6. 如果丹尼尔抽到的数字是 5，就只能胜过劳拉抽到的 10 对数字中的 2 对。结论：在这种情况下，概率是 2%，即 1/10×2/10=2/100。

7. 如果丹尼尔抽到了 4，那么他只能胜过劳拉抽到的一对数字，即 1 和 2。结论：在这种情况下，概率是 1/100，即 1/10×1/10=1/100。

就剩下最后的分析了。因为在其他任何情况下，丹尼尔可以抽到的最后 3 个数字是 3，2 和 1，因此他无法获胜。那么，在这些情况下，概率都为 0。

将以上所有概率数据相加，我们可以得到：

1/10+1/10 × 9/10+1/10 × 8/10+1/10 × 6/10+1/10 × 4/10+1/10 × 2/10+1/10 × 1/10=1/10 ×（1+9/10+8/10+6/10+4/10+2/10+1/10）=1/10 ×（10+9+8+6+4+2+1）/10=4/10

因此，我们发现丹尼尔有 40%（4/10）的概率击败劳拉。最初感觉丹尼尔赢的概率会更大，不是吗？

在分析这道题之前，我不知道你的直觉告诉你谁赢的概率更大，但我之前凭直觉认为丹尼尔赢劳拉的概率会更大。然而，事实并非如此。

就像掌握一切跟数学有关的知识一样，直觉本身也是要靠日常的“训练”。今天看起来是违反直觉或出乎意料的事情，后来被验证后便认识到是很自然的事情。

第 25 章　布雷斯悖论

布雷斯悖论出自一个真实的故事。类似的故事几乎同时发生在世界上的不同地方。最重要的是，各种高速公路的出现不仅加强了国家之间的联系，还连接了各大洲。当然，第二次世界大战与此也有很大的关系，但那是另一回事。

为了有一个合乎情理的铺垫，我从一个例子开始。如果我问你，世界上每年人口流动最大的地方是哪里，我认为位居前三的地方中，肯定有纽约时代广场。

这很容易让我们想象到电影和照片中，或者亲身经历过的某个出现在 42 号街与百老汇交会处的午夜场景。

事实上，那里是两条大街的交会处，因为 42 号街本身就是一条大道。但我在此建议你想一想某个夜晚的场景，在那里，灯火通明的广告牌将黑夜照亮，如同白昼。

当然，这里不仅到处有行人和聚集在一起拍照的游客，还有车辆通行，熙熙攘攘，车水马龙。其实我并不需要提及这些，但我还是讲出来了。那么，如果现在出于某个原因 42 号街被封闭了，会发生什么呢?

虽然我们现在不在一起，但我能感觉到，你可能会回答：“交通会乱成一团。”就像我们封闭了布宜诺斯艾利斯的科连特斯大道的几个街区，或罗萨里奥的奥罗尼奥大道，或科尔多瓦的迈普大道。这里我随便举三个例子，你可以选择最符合你情况的一个例子去思考。如果要封闭或拦截某一个具有这些特点的街道，我们得出的结论都是：这将造成严重的交通混乱。

然而，我想说的是，这种情况并没有发生。有三个非常具体的例子引起了我们的注意。

一个是我刚才举的曼哈顿42号街的例子，另一个例子中的故事发生在波士顿的主街，第三个例子中的故事发生在伦敦的伊斯灵顿街区。当这三条主要街道中的每一条街道都由于某种原因不得不暂时被封闭时，交通状况非但没有恶化，反而更好了。

1968年，德国一位数学家迪特里希·布雷斯提出了一个今天被称为“布雷斯悖论”的理论。布雷斯当时还是联邦德国鲁尔大学的一名教授，他提出的悖论是这样的：

> 仅仅在交通拥堵的路线上增加一条新路线，并不能保证交通更顺畅，也不能保证缩短通行时间，而很可能发生完全相反的情况——新增路线只会使交通状况更加恶化。

如果你能耐心地跟我一起顺着布雷斯提出的论点想一想，就会发现，虽然他的这些论点非常违反直觉，更确切地说，他的论点跟你和我的直觉大相径庭，但他的解析既合理又有趣。

我准备写一篇文章，我建议你届时去看一下文章里出现的数字。我也建议你做一做这道数学题，虽然这不是必须的，因为接下来我将进行数学运算。请记住，说服自己理解所读内容的唯一方法是暂时停下来，亲手做一做这些题，别怕犯错误。

我们继续往下讲。假设你每天从一个起点旅行到一个终点，那么你的旅行路线只是从起点到终点。如图 25–1 所示，我画了一幅草图来描绘我的意思。

起点 •　　　　　　　　　终点 •

图 25–1　两个地点之间的旅行路线

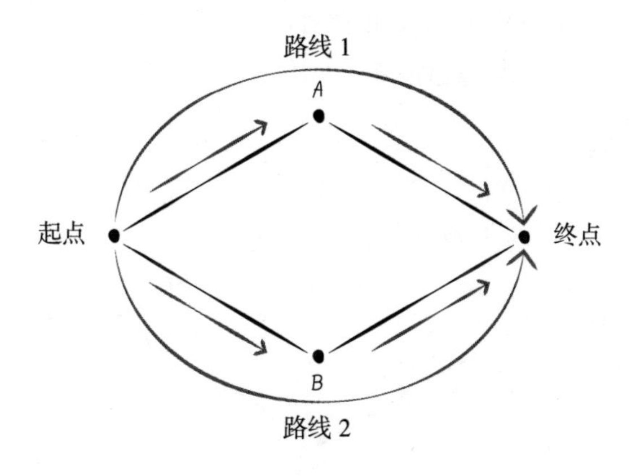

图 25–2　从起点到终点有两种可能的行走方式

如图 25–2 所示，从起点到终点有两种可能的行走方式：要么走路线 1，这条路线是从起点到 A 点，再从 A 点到终点；要么走路线 2，这条路线是从起点到 B 点，再从 B 点到终点。

这两条路线的长度完全一样，所以选择其中任何一条应该完全无所谓。

唯一需要注意的问题是这两条路线上的交通状况。

从这里开始我需要你和我一起分析。我将举一个涉及 1 000 辆汽车的例子。换句话说，我们会建一个模型，想象一下这 1 000 辆汽车从起点驶到终点可以选择哪一条路线。

如图 25–3 所示，在决定一辆汽车走这两条路线中的一条之前，我们要先收集不同的数据。测量和收集的数据表明，如果选择了通往 A 点的路段，那么所花费的时间将以 T/25 分钟为单位进行计算，其中 T 表示选择走该路段的汽车数。

如果 1 000 辆汽车都选择走从起点到 A 点的路段，那么，1 000 ÷ 25=40，这表明 1 000 辆汽车完成这一行程将平均花费 40 分钟，最终到达 A 点。如果只有 500 辆汽车选择走这段路，那么这段旅程可以在 20 分钟（500 ÷ 25=20）内完成。由此可以看出，选择走某段路的汽车数量决定了走完这段路所需的时间。

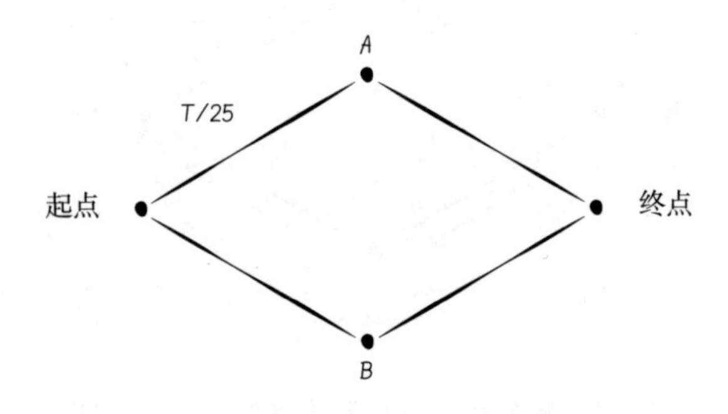

图 25–3　从起点到 A 点行程所需的时间

一旦行驶到 A 点，第二段路程就是从 A 点到终点。这段路是一条高速公路，路上有很多车道，汽车行驶所用的时间几乎一样。因此，走完从 A 点到终点路线所需的时间不再取决于这段路上行驶的汽车数量，因为高速公路完全可以容纳 1 000 辆汽车而不会出现拥堵。如图 25–4 所示，我们假设走完从 A 点到终点的路程所需要的时间是固定的，正好是 50 分钟。

总结一下：走第一段路需要 T/25 分钟，这取决于 T，即在这段路上行驶的汽车数；走第二段路，无论这段路上行驶的汽车有多少，都需要 50 分钟。

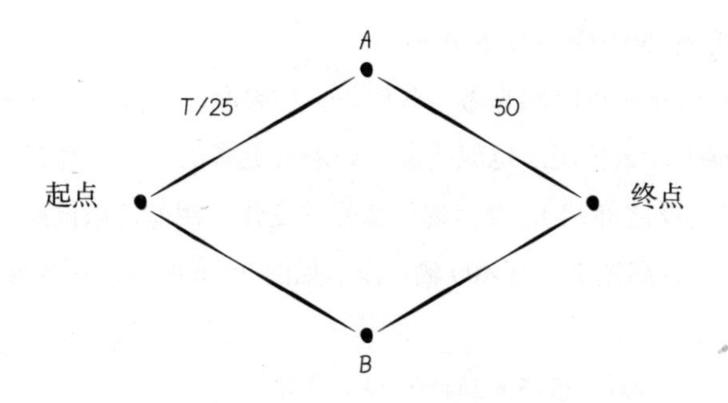

图 25-4　从 A 点到终点行程所需的时间

现在，看路线 2。情况正好相反：走完从起点到 B 点路程需要多长时间不取决于汽车的数量，只需要 50 分钟。困难出现在从 B 点到终点的路段上，此时汽车的数量又变得很重要，就像走路线 1 中从起点到 A 点的那段路一样，估计走完从 B 点到终点这段路所需的时间为 T/25 分钟。

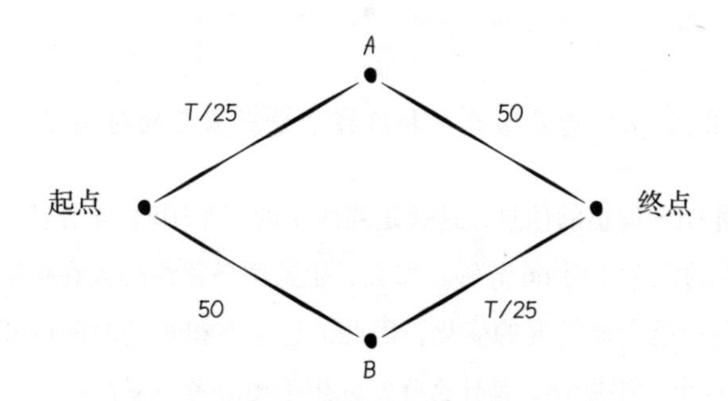

图 25-5　走完路线 1 和路线 2 所需时间汇总

图 25-5 总结了两种情况：一种情况是沿着经过 A 点的路线行驶，另一种情况是沿着经过 B 点的路线行驶。

路线 1：T/25 分钟 +50 分钟

路线 2：50 分钟 +T/25 分钟

我们用几分钟时间来做一些假设，如果我们想象按不同的路线行驶，会发生什么情况。也就是说，如果有更多的汽车选择路线 1 而不是路线 2（反之亦然），会出现什么样的变化。例如，假设路线 1 上有 600 辆汽车，路线 2 上有 400 辆汽车。如图 25–6 所示，在这种情况下，就会得出：

路线 1：600 ÷ 25+50=24+50=74（分钟）

路线 2：50+400 ÷ 25=50+16=66（分钟）

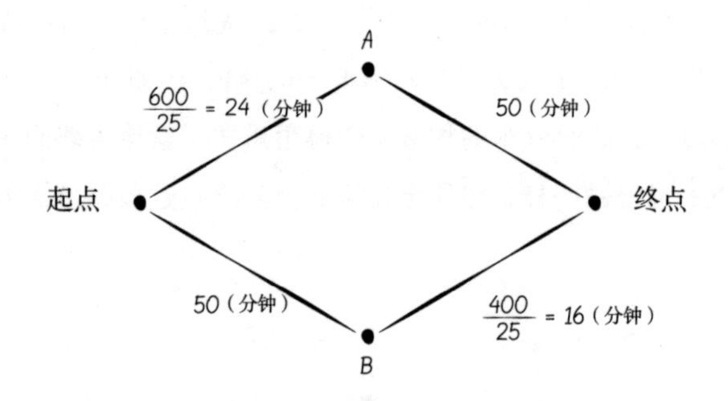

图 25–6　走完路线 1 和路线 2 分别需要的时间汇总

根据 GPS 提供的信息，选择走路线 1 的汽车用时 74 分钟，而选择走路线 2 的汽车用时 66 分钟。那么，走这两条路线的人在很短的几天内，都会知道交通情况的变化，因此，也会在很短的时间内找到“平衡点”。这个“平衡点”是什么呢？你想不想思考一下？

事实上，在几天后，汽车的总数量（1 000 辆）将被分成两部分，我们假设 500 辆选择走路线 1，其余 500 辆选择走路线 2。如图 25–7 所示，选择走这两条路线的汽车均用时 70 分钟。这就是“平衡点”。

路线 1：500 ÷ 25+50=20+50=70（分钟）

路线 2：50+500 ÷ 25=50+20=70（分钟）

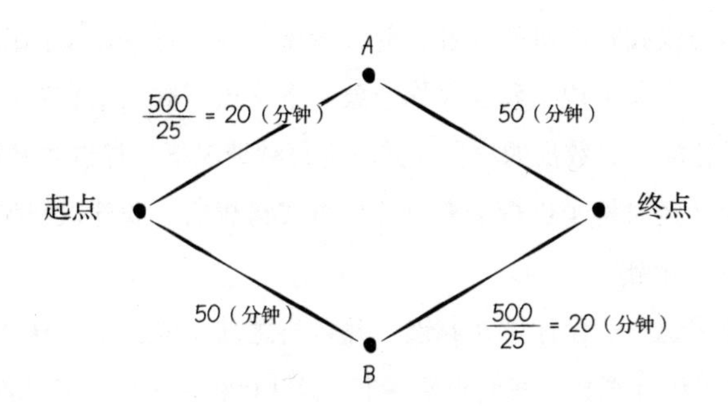

图 25-7　选择走这两条路线的汽车用时的“平衡点”

到目前为止，一切都很清楚了。然而，现在出现的反直觉现象令人难以置信，也令人好奇。假设我们建造了一条连接 A 点和 B 点的双向公路，这是一条以前不存在的公路。这将使司机有可能从路线 1 切换到路线 2（反之亦然），如图 25-8 所示。

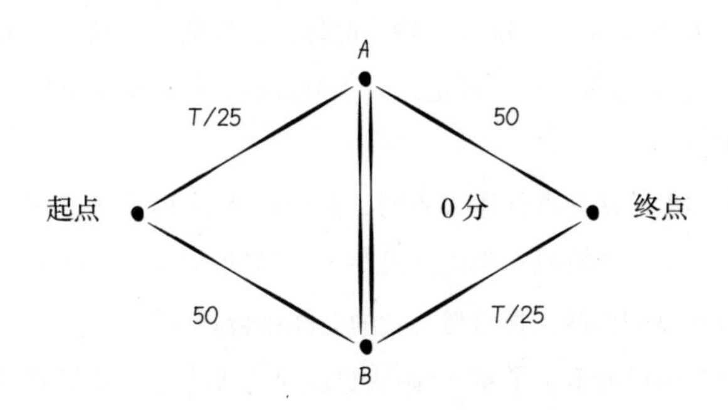

图 25-8　出现新路后的路线图

为了使计算更简单，我们假设走这条新路根本不需要花时间。也就是说，汽车从 A 点行驶到 B 点需要 0 分钟，反之亦然。那么，接下来会发生什么？

这条新路的出现会有什么影响？你会看到，所发生的事情真的很吸引人，而且出乎意料！

在你阅读我将要讲的内容之前，请做一些计算并记下你得到的结果。从某种意义上说，我建议你想象一下可供行驶的潜在路线，给每一条路线分配一定数量的汽车，并决定每种情况下怎样做才是最好的。在你认为已经对例子进行了充分的分析或猜想后，我建议我们一起开始做一些“猜测”。

我继续说。假设你站在起点，并且与之前不同的是，从 A 点到 B 点的道路可供你选择。我们想象一下，这 1 000 辆汽车决定沿着从起点到 A 点的路线走。在这种情况下，所需时间为 1 000 ÷ 25=40 分钟。如果是同一个司机选择了从起点到 B 点的路段，他会立即发现，走完这段路要花 50 分钟。也就是说，即使在最坏的情况下，1 000 辆汽车也会先选择从起点到 A 点的路段。这么选择会更便利，因为走这段路可以少花 10 分钟。

换句话说，沿着从起点到 A 点的路段行驶，即使有 1 000 辆汽车，也仅需要 T/25=1 000 ÷ 25=40 分钟。此外，选择从起点到 B 点的路线行驶，则要花 50 分钟。可以确定，大多数或所有司机都会选择走从起点到 A 点的路段。

现在，当你从起点到达 A 点时，你已经花了 40 分钟（假设即使在最坏的情况下，所有汽车都走这段路）。如果他们中的一些人选择了走从起点到 B 点的路线，那自然花费的时间将会减少。

当一个司机最多用了 40 分钟从起点到达 A 点时，他能做什么？他有两个选择。

1. 如果他继续沿着路线 1 走，那么他将不得不在 40 分钟（最长）的基础上增加 50 分钟，才能到达终点。那么，40+50=90，在最坏的情况下，他走完路线 1 所使用的总时长是 90 分钟。

2. 如果他选择“新”路线，直接从 A 点行驶到 B 点（不消耗任何时间），然后继续从 B 点到终点，那么将不得不在 40 分钟的基础上再增加 40 分钟（1 000 ÷ 25=40）。也就是说，他从起点行驶到 A 点，再从 A 点行驶到 B 点，接着走完剩下的路程，将花费 80 分钟（40+40=80），如图 25-9 所示。

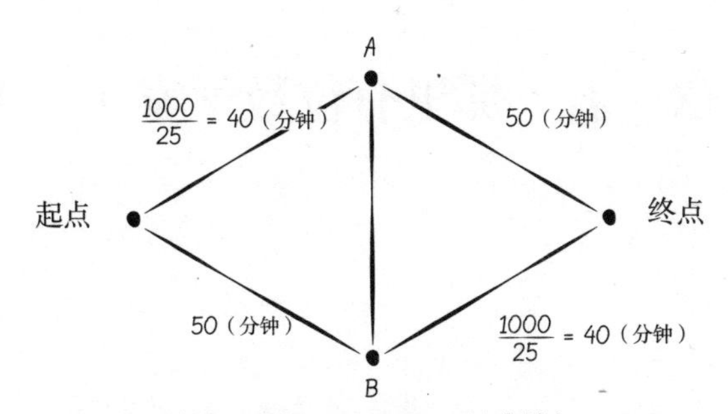

路线 1 全程：40 + 50=90（分钟）
（从起点到 A 点）+ AB +（从 B 点到终点）=40 + 40=80（分钟）

图 25-9　从起点到 A 点再到 B 点最后到达终点所需要的时间

到这里，我有一个问题要问：通过上述分析，你得出了什么结论？

如果这 1 000 辆汽车走路线 1，则走完全程需要 90 分钟。在行驶一段时间后，如果在中途选择从 A 点到 B 点最终到达终点的路线，则需要 80 分钟。实际上，当从 A 点到 B 点的新道路不存在时，这 1 000 辆汽车分别沿着路线 1 和路线 2 走完全程所花费的时间是 70 分钟。

在新路线不存在的情况下，走完上述两条路线中的任何一条路线，都会花费更长的时间吗？难道我们不觉得在开辟了一条新道路和提供了一个新选择之后，所需时间会减少吗？实际上，布雷斯悖论试图证明的是相反的情况。即当 A 点和 B 点之间的新路线不存在时，汽车走完全程平均花费的时间比新路线存在的情况下花费的时间更少。

以上就是我想和你分享的内容。有很多关于这个问题的文献，其中有一些仍存在争议，但这一现象是存在的，以上例子只不过是问题的触发点而已。

第 26 章　看，那里有位数学家（一）

第一个例子

1998 年，Emnid Institut[①] 在德国进行了一项调查，调查结果在当年 12 月 31 日星期四的《南德意志报》上发表了。

这项调查的目的是了解德国人对基本数学概念的熟悉程度。调查中，有一个非常简单的问题：在衡量数量或数字时，你认为 40% 意味着什么？

可供选择的选项如下：

A. 总数的四分之一。

B. 十分之四。

C. 每 100 人中的 40 个人。

调查结果令人惊讶。在继续阅读下面的内容前，我建议你停下来也思考一下这个问题意味着什么。回答这个问题的人中有三分之一的

① Emnid Institut 和 Allensbach Institut 是德国比勒费尔德两个最负盛名的民意调查机构。

人选择了 A 或 C。再重复一遍：三分之一的人。[1]

第二个例子

有一个故事在 20 世纪初的美国非常流行，它出自约翰·艾伦·保罗士所著的《数盲》(Innumeracy)[2]一书，他是一位优秀的数学家和数学普及者。这本书的第一版于 2001 年 8 月出版，一经出版，就成为普及数学和科学知识最出人意料的畅销书之一。保罗士也因此一夜成名，当时各大电视台都竞相邀请他参加电视台最受欢迎的晚间节目。我好像有点跑题了，不过我还是强烈推荐这本书。虽然保罗士在书里讲述的故事很有趣，但也有令人惋惜的地方，这就看你怎么认为了。

某有线频道会在每天早上、中午和晚上三个固定时间段播报新闻，每次在新闻播报的最后，都会有一位气象预报员预报天气情况，这在世界各地都很常见。

一天晚上，负责播报的气象预报员奥里埃尔遇到了突发情况，无法按时预报天气。但他考虑到那天正是星期五，大家更关注周末天气会发生什么变化，于是就将天气信息写在了一张纸上留给一位司机去播报。

预报天气的时间到了，司机向听众解释了为什么是他而不是奥里埃尔来预报天气。随后他便拿起奥里埃尔留给他的字条在镜头前读了起来：

> 在奥里埃尔留给我的这张纸上，他告诉我明天（星期六）下

---

① 正确答案是 B，因为 40% 表示每 100（个）中的 40（个），或者说每 10（个）中的 4（个）

② 我不知道该如何解释“数盲”这个词，实际上我认为“数盲”是不存在的。从概念上说，它是指完全不懂数学知识的人。实际上，它是指在数学上的一些盲区，我认为这个解释也许更恰当一些。

雨的概率是50%，星期天也有50%的概率会下雨。

说到这里，他停了下来，鼓起勇气补充了几句字条上没有写，但他认为应该说的话：由此可以看出，周末下雨的概率是100%。

本次天气预报到此结束。

也许现在我们对“数盲”的含义有了更深刻的了解，“数盲”这个词肯定是保罗士自己创造的。

第三个例子

这个例子非常典型，它涉及一种危险的现象，在你读完下文之后会很明显地察觉到。这个例子来自德国马克斯·普朗克研究所的研究员格尔德·吉格伦泽的一项研究。我会在翻译其研究报告时，尽可能做到合理，至少在概念上把它更好地体现出来，这样格尔德·吉格伦泽的宝贵研究成果就不会遗失。

有一位女士，名叫安娜，刚满40岁。她在妇科医生的建议下进行了乳房X光检查。虽然安娜没有任何乳腺癌家族病史，但按照惯例，她每隔一段时间就会去检查一下。安娜去了医院，并进行了相关的检查，几天后她收到了令她崩溃的消息：检查结果呈阳性。

检查结果呈阳性意味着什么？对此，安娜感到困惑，因为她不知道（也不了解）这是什么意思。是否意味着100%确定她患有乳腺癌，还是说检查有一些漏洞，需要进一步做检查？医生对此结果有何解释？是否患上乳腺癌真的取决于这一次检查吗？有没有可能准确率不是100%，而是99%、95%或90%？谁来解释？去哪里了解？与谁交谈？简而言之，确诊的概率是多大？

接下来，我将提供两种寻找答案的方法。我也请你认真阅读并思考下面的内容，尝试找到答案。如果你在任何情况下感到困惑，请不要担心，继续阅读。相信我，这很值得。

方法一

40 岁的女性患乳腺癌的概率约为 1%。[1]根据以往统计的数据来看，如果安娜确实患上了乳腺癌，那么 X 光检查结果呈阳性的概率为 90%。如果她没有患乳腺癌，那么检查结果呈阳性的概率也有 9%。

问题是，如果安娜手中的检查报告结果呈阳性，她真正患乳腺癌的概率有多大？

在继续分析之前，我建议你和往常一样自行思考一下。我将在下面给出答案。

通常情况下，对于相当一部分积极主动去做检查的人来说，她们在做乳房 X 光检查时，查出患乳腺癌的概率为 90%。

方法二

现在我换个方式描述一下这种情况。想一想，同样的情况用不同的方式表达，你会怎样回答。也许你的答案与上面给出的答案相同，但也请花时间思考一下。

假设有 100 名 40 岁左右的女性，她们所有人都进行了乳房 X 光检查，其中一位的检查结果呈阳性，她很可能患上了乳腺癌。当然，根据之前的数据统计，在这 99 名没有患乳腺癌的女性中，仍会有 9 个人的检查结果也呈阳性，因此，如果 100 名女性都进行了乳房 X 光检查，那么总共有 10 名女性的检查结果呈阳性。但这并不重要，重要的是另一个问题：检查结果呈阳性的女性中有多少人真正患上了乳腺癌？

---

① 这里提供的数据仅仅是让你作为一种参考，但我在查阅这方面的参考资料时找到的数据是 0.8%。以上信息都是在一些相关热门文章中查阅到的，可能会有一些偏差。

这样描述，就很容易确定 10 位检查结果呈阳性的女性中只有一位女性患上了乳腺癌。因此，X 光检查结果呈阳性的概率是 10%，而不是最初看起来的 90%。

当然，检查结果呈阳性并不会让任何人感到高兴，但绝大多数像安娜一样检查结果呈阳性的女性实际上并没有患乳腺癌。

像这样的例子还可以举出很多，但并非所有的例子都会出现相同的情况。有些患者的病情检查结果荒诞而滑稽，有些检查结果甚至置患者于危险之中，当然得出什么样的检查结果取决于医生的专业水平。这就像下雨被淋湿的情况，如果下雨了，你没有带伞，没关系，被淋湿后把自己擦干就行了。但是，像“统计文盲”这种可能会给大家带来痛苦的事情，就有必要聘请能够正确解读数据并得出恰当结论的专业人士（如数学家、统计学家）去做。我想再一次对所有医院或卫生机构说句话，错误的推论可能导致治疗不充分或者做一些不必要的药物治疗，甚至会让“病人”遭受本应该可以完全避免的心理和身体的折磨。

第 27 章　看，那里有位数学家（二）

假设报纸上出现了这样一条新闻：胆固醇高的男性，其心脏病发作的概率比普通人增长了 50%。显然，增长 50% 是一个令人惊讶的数据。这件事情很值得我们关注，但请稍等！相比之下，增长 50% 具体来说是多少？又是如何衡量的？

请注意这个数据是如何产生的。假设有人抽取了 100 名 50 岁左右且胆固醇不高的男性的检查结果作为数据样本。根据最近的研究（2017 年 2 月），其中 4 个人预计在未来 10 年内会出现心脏病发作的情况。如果将另一组 100 名 50 岁左右胆固醇高的男性的检查结果作为数据样本，那么，其中 6 个人预计在未来 10 年内会出现心脏病发作的情况。

在这里，我们很清楚增长 50% 意味着什么：从 4 个增加到 6 个，就是增长了 50%，如果这个数据是基于数字 4，那么，其增长速度很惊人。也就是说，针对这个增长情况进行的分析，得到的结果是相对的。因此，最初被指定用来判断增长情况的那个初始数据非常重要。

现在我们从另一个角度来看这个数据。我们将自己置于预计在未来 10 年内心脏病不会发作的男性群体中。从第一组的 96 个人减少到第二组的 94 个人，由此数据看减少了 2 个人，也就是减少了 2% 左右。

如果这么说，你会发现什么呢？值得注意的是，胆固醇在正常参数范围内似乎对帮助我们做出判断并没有那么明显的优势，然而胆固醇高也并不意味着会产生严重的问题。

针对这一点，我们可以得出一个结论：在接受检查的 100 名男性中，如果有两名男性胆固醇高，那么这两位男性心脏病发作的概率是 2%。这就是衡量风险的方法。

当然，当我们谈论绝对风险时，也就没有人愿意在意那些数字了。①

① 这里是指从数学角度进行分析。我绝对不是说胆固醇高好，或者胆固醇高与心脏病发作无关。我只是强调，增长 2% 似乎没有本章开头所说的增长 50% 那么令人惊讶。

第 28 章　少儿数学竞赛上的问题

2017 年底，在一场少儿数学竞赛中，出现了几道我觉得很有趣的试题。和以往一样，我不敢相信这些试题竟然是给孩子们做的。不管怎样，我想在这里分享这些题。

我选了两道我觉得很有意思的题。我们来看一下。

1. 在一个农场里，有 100 只小鸡围成一圈坐着。突然，每只小鸡都随意选择了坐在它两侧的两只小鸡中的一只小鸡啄了一下。那么，有多少只小鸡不会受到任何攻击的可能性最大呢？

2. 一个朋友给我写了一串连续的整数（这些数字中有负整数、零或正整数），最小的整数是 −32，这一串连续整数的和是 67。那么，朋友给我写了多少个整数呢？你能给出多少个可能的结果？

解答

1. 对于每只小鸡来说，被攻击的可能性有四种：

（1）被左边的小鸡啄一下。

（2）被右边的小鸡啄一下。

（3）其中一只小鸡身边的两只小鸡各被啄一下。

（4）没有被啄过。

这四种可能性都是一样的，[①]因此，每只小鸡都没有受到任何攻击的概率为 1/4。由于共有 100 只小鸡围成了一圈，我们可以列出算式 1/4 × 100=25，那么就得出 25 只小鸡不会受到攻击。所以正确答案是：有 25 只小鸡不会受到任何攻击的可能性最大。

2. 请注意题目中的条件，题目给出的最小整数是 –32，这一串整数的和是 67，并且这些数字是连续的整数。首先我们要做的是补全这一串数字中的所有负数。由于这些整数中最小的是 –32，这意味着 –31，–30，…，–3，–2，–1 也必须包括在内。如果我将这些数字相加，得到的还是负数。因此，为了补全所有负数，还需要至少添加对应的所有正整数：1，2，3，4，…，30，31，32。这样就可以了吗？不行，因为如果我把所有的这些数都相加，其结果是 0。

由于这些整数的和为 67，因此我们仍然需要添加更多的数字。接下来的两个整数 33 和 34 也必须有，并且恰好是：33+34=67。

我知道你在想什么，但请给我时间把它讲清楚。这一串整数应该包括从 –1 到 –32 的 32 个数字，还应包括从 1 到 32 的 32 个数字。这样一来，总共有 64 个数字。我还需要加上 33 和 34 这两个数字。这样一来总共是 66 个数字。但是还缺少一个数字。缺少的这个数字是什么？你想想看。

没错，缺少的这个数字是 0。因为不能在不经过 0 的情况下直接从 –1 跳到 1。因此，总共不是 66 个数字，而是 67 个数字。这就是正确答案。

---

① 我的朋友卡洛斯·德安德里亚告诉我，这四种可能性之间是有联系的，即 1 号小鸡和 3 号小鸡被啄两次的概率为 0，因为 2 号小鸡只能啄 1 号小鸡或 3 号小鸡中的一只小鸡。然而，我仍然认为这不会改变概率，因为所有小鸡都会做同样的事情。这两个观点中的哪一个观点是对的？你怎么看？

第 29 章　总和与“另一个”数字

假设我们随意选择两个非 0 自然数并分别称它们为 A 和 B，然后将这两个数字保密。我旁边有我的两个朋友甲和乙。我把数字 A 告诉甲，把数字 B 告诉乙，他们互相不知道我分别告诉了他们哪个数字。随后，我大声地说出两个数字，其中一个数字是 A+B 的和，另一个数字是随意选的一个数字。[①]

通过这些信息，我的这两个朋友都必须尝试推断出对方的数字。注意，不是让他们“猜”出对方的数字，而是试着“推断”出来。

我们来举例分析说明一下。假设数字 A=15，我大声地说出的两个数字是 17 和 25。我首先问朋友甲：“你能推断出朋友乙的数字来吗？”朋友甲回答：“我不知道，无法确定。”也就是说，以朋友甲目前掌握的数据，他无法知道朋友乙的数字是 2 还是 10。既然朋友甲没有办法确定朋友乙的数字是这两个数字中的哪一个，所以他肯定会说：“我不知道。”

然后我又问了朋友乙：“你能推断出朋友甲的数字来吗？”朋友乙也告诉我：“我也不知道。”

---

① 我说的这两个数字的顺序也是随意的。

现在到了这个问题的有趣部分了。当我看着朋友甲，想看看他现在是否还有话要说时，他停了一会儿说："是的，现在我知道了，你告诉乙的数字是 10。"

问题：朋友甲是怎么知道朋友乙的数字的呢？

现在轮到你思考一下了。

提示

起初，在朋友甲说"我不知道"时，没能给朋友乙和我们提供任何信息，或者说没有增加新信息。然而，当朋友甲和朋友乙都说"我不知道"时，便缩小了数字 2 和 10 这两个选项的范围，只剩下了一个选项。在我提供解决方案之前，你不想自己思考一下吗？

解答

朋友甲知道我告诉他的数字是 15，随后他听到我说的两个数字是 17 和 25。我说出 17 和 25，表明我告诉他们的两个数字的和要么是 17，要么是 25。正如我之前说的，当我问朋友甲是否能推断出朋友乙的数字时，他并没有推断出来。而我们知道，朋友乙的数字可能是 2，也可能是 10。由于朋友甲无法确定朋友乙的数字，他便说："我不知道。"请注意，根据之前的分析，此时朋友甲已经知道朋友乙的数字是 2 或 10，但他不知道到底是这两个数字中的哪一个，所以他不得不说："我不知道。"

现在，轮到朋友乙了。假设朋友乙的数字是 2。当朋友乙听到我说 17 和 25 时，他就会推断出朋友甲的数字可能是 15 或 23。如果朋友甲的数字是 23，当他听到我说出 17 和 25 时，他会知道朋友乙的数字是 2。为什么？由于 17 和 25 这两个数字中的一个是数字 A 和数字 B 相加的和，从此处很明显可以知道数字 A 和数字 B 相加的和不可能是 17，否则数字 B 必须是一个负数。

可见，朋友甲应该能推断出数字 A 和数字 B 相加的和一定是 25。因此，当朋友甲有机会说话时，他一定会说“是的，我知道，朋友乙的数字是 2”，而不会说“我不知道”。

我们继续分析。如果朋友甲的数字是 23，他就会知道朋友乙的数字是 2，并且能够回答出我之前提出的问题——“朋友甲是怎么知道朋友乙的数字的呢？”既然朋友甲没有回答出来，那么结论是：朋友甲的数字不是 23，一定是 15。但是，由于朋友乙也没有得出结论——他不知道“朋友甲的数字是 15”，所以朋友乙的数字不是 2。

随后，当朋友乙说“我也不知道”时，情况又出现了反转。所以，此时朋友甲掌握了对局势的控制权，并说：“是的，现在我知道了，你告诉乙的数字是 10。”这就是正确答案。

可以看出，在任何情况下，通过“逻辑”论证，可以推断出看似不可能得到的答案。

第30章　爱因斯坦问题的新版本

我在下面提到的问题有多个版本，并且这个问题多年来一直很受人们欢迎，因为有些人认为爱因斯坦曾说过，只有非常小的一部分人（我不确定爱因斯坦说的是1%的人还是2%的人）可以解答这个问题。

当然，爱因斯坦说的这句话有些草率，甚至是错误的，因为谁又能验证每100个人中是否只有一两个人能解决这个问题呢？因此，有多少个人能解答这个问题并不重要，这个问题是否有意义才是重点。总之，我感觉这是宣传这个问题的一种方式（这不是一件坏事）。但我认为可以找到其他一些让大家思考的方式，而不是借助这种低级的炒作和明显的虚假宣传。

有这些理由就足够了。这个问题的关键是你会看到这个问题的确很有吸引力。我的想法是尝试享受解决问题的过程，而不是担心最终能否得到结果。

假设阿根廷篮球“黄金一代”的五名队员决定在布宜诺斯艾利斯省的蒙特埃莫索度假，这个地方距离阿根廷篮球之都巴伊亚布兰卡不远，也是佩佩·桑切斯和马努·吉诺比利的出生地。

现在，我们想象一组由五座房子组成的建筑群，这五座房子一字排列。这些都是已知的信息。

首先，我这里有一份清单，列出了这个问题的一些信息，其中包括：五座房子的颜色（它们都被涂成了不同的颜色），每座房子的主人所养的宠物，他们最常喝的饮料，以及他们各自驾驶的汽车。

我建议你先耐心地坐下来，尝试分析我提供的信息。这些信息应该能让你找到解决方案。我想说明的是：这个解题方案独一无二!

你会看到，唯一没有明确的信息是谁拥有一只拉布拉多犬。而问题就与这只拉布拉多犬相关——利用你的推理能力，确定这五个人中谁拥有这只犬。

我继续讲。首先，我把所有必要的信息做了一个总结，然后写下已知的事实。

1. 五名球员的名字：斯科拉、普里吉奥尼、佩佩·桑切斯、诺西奥尼和吉诺比利。

2. 房子的五种颜色：蓝色、红色、黄色、绿色和黑色。

3. 五只宠物：拉布拉多犬、乌龟、松鼠、暹罗猫和金丝雀。

4. 五辆汽车的品牌：特斯拉、法拉利、兰博基尼、保时捷和劳斯莱斯。

5. 每个球员最常喝的五种饮品：水、牛奶咖啡、速溶咖啡、马黛茶和热巧克力。

接下来我列出了问题中已知的信息：

1. 斯科拉住在红色房子里。

2. 诺西奥尼的宠物是暹罗猫。

3. 普里吉奥尼最常喝的饮料是牛奶咖啡。

4. 绿色房子在黄色房子的左边。

5. 绿色房子的主人喝热巧克力。

6. 法拉利的主人有一只宠物松鼠。
7. 蓝色房子的主人开着一辆特斯拉。
8. 住在中间房子里的球员经常喝速溶咖啡。
9. 佩佩·桑切斯住在第一栋房子里。
10. 兰博基尼主人的房子位于金丝雀主人的房子旁边。
11. 宠物乌龟的主人与特斯拉的主人是邻居。
12. 劳斯莱斯的主人经常喝马黛茶。
13. 吉诺比利开着一辆保时捷。
14. 佩佩·桑切斯的房子位于黑色房子隔壁。
15. 兰博基尼主人的邻居只喝水。

问题：拉布拉多犬的主人是谁?

正如我在前面所说，这个解题方案独一无二。也就是说，仅仅通过一种方法推理分析这些信息，就可以确定拉布拉多犬的主人。现在轮到你了。

解答

我提议先列一个空白表格，如表 30–1 所示，表格中每一列对应一座房子。我将根据上述信息把此表格补充完整。

表 30–1 空白表格

	1	2	3	4	5
A					
B					
C					
D					
E					

从信息 9 中，我们知道佩佩·桑切斯住在第一栋房子里。所以我们把他放在表格 1A 栏中。

从信息 8 中，我们知道，住在中间房子里的球员经常喝速溶咖啡，我们在表格 3C 栏中填上速溶咖啡。

从信息 14 中，我们还知道佩佩·桑切斯住在黑色房子旁边的房子里。由于他住在第一栋房子里，说明第二栋房子是黑色的。我借此机会把已经获得的内容都填在表 30–2 中。

表 30–2　根据信息 8、9 和 14 推断出来的内容

	1	2	3	4	5
A	佩佩·桑切斯				
B		黑色房子			
C			速溶咖啡		
D					
E					

从信息 4 和信息 5 中可看出，绿色房子在黄色房子的左边，而且绿色房子的主人经常喝热巧克力。现在，我们有几个独立但有联系的信息可供参考。

注意以下几点：我不能把绿色房子放在表格 1B 栏中，因为如果那样，我就应该把黄色房子放在 2B 栏中，但是 2B 栏中填写了黑色房子。因此，绿色房子可以放在 3B、4B 或 5B 栏中。但我不能占用 5B 栏，如果这样，黄色房子放在哪里呢？这就把范围缩小到仅有的两个选择：绿色房子可以放在 3B 或 4B 栏中。但我不能把绿色房子放在 3B 栏中，因为信息 5 告诉我们绿色房子的主人经常喝热巧克力。我们已经知道，

住在中间房子里的球员经常喝速溶咖啡。[①] 所以，绿色房子一定在 4B 栏中，黄色房子在 5B 栏中。此外，根据信息 5，我们知道绿色房子的主人常喝热巧克力。

总结一下，把获得的信息填写到表格中，如表 30–3 所示。

表 30-3 根据信息 4 和信息 5 推断出来的内容

	1	2	3	4	5
A	佩佩·桑切斯				
B		黑色房子		绿色房子	黄色房子
C			速溶咖啡	热巧克力	
D					
E					

从信息 1 可以看出，斯科拉住在红色房子里。其实原则上讲，放置这条信息似乎可以有两种选择：1B 栏和 3B 栏。但斯科拉不能放在 1B 栏中，因为佩佩·桑切斯在那里。结论是，斯科拉应该放在 3A 栏中，红色房子应放在 3B 栏中。

现在，我们已经找到了五座房子中四座的位置。唯一剩下的是 1B 栏没有填任何信息，所以，那里应该填蓝色房子。

从信息 7 可以看出，蓝色房子的主人开着一辆特斯拉。那么 1D 栏应填上特斯拉。

根据信息 11，宠物乌龟的主人住在特斯拉主人的旁边。由于 1D 栏中是特斯拉，说明乌龟应该填在 2E 栏中。现在，之前的空白表格应

① 卡洛斯·德安德里亚向我提供了一条很有价值的信息，他说得非常有道理。按照他的逻辑，我们的推理必须保证两个球员不能待在一间房子里同时喝两种饮品。这的确没错！而我们日常生活中看到的普通家庭的情况，就不在我们提出的数学问题的范畴之内。

变成下面的样子，如表 30–4 所示。

表 30–4　根据信息 1、7 和 11 推断出来的内容

	1	2	3	4	5
A	佩佩・桑切斯		斯科拉		
B	蓝色房子	黑色房子	红色房子	绿色房子	黄色房子
C			速溶咖啡	热巧克力	
D	特斯拉				
E		乌龟			

在这里，我想停顿一下，问你一个问题：你是否认为可以用同样的论据来填补表格中所有缺失的内容？我很想说“可以”，但我让你自己决定。我们继续。现在，我认为最有趣的时刻到来了，因为你必须同时收集大量的信息。接下来，我想同时使用以下四条信息完成推理。

1. 根据信息 12 可以得知：劳斯莱斯的主人喝马黛茶。（请你注意！）
2. 根据信息 3 可以得知：普里吉奥尼喝的是牛奶咖啡。
3. 根据信息 13 可以得知：吉诺比利开着一辆保时捷。
4. 根据信息 2 可以得知：诺西奥尼有一只暹罗猫。

如何利用这些信息进行推理？谁最常喝马黛茶？首先不可能是佩佩・桑切斯，因为我们知道他开的是特斯拉。也不可能把马黛茶填在 3C 或 4C 栏中，因为填在那里的饮料已经确定了（3C 栏中是速溶咖啡，4C 栏中是热巧克力）。那么，就剩下两种可能性：2C 栏和 5C 栏。但不可能在吉诺比利所在的那一列，因为他开的是保时捷；也不可能在普里吉奥尼或斯科拉所在的那一列，因为他们分别喝牛奶咖啡和速溶咖啡。所以，马黛茶必定填在诺西奥尼所在的那一列。那么，诺西奥

尼住在哪座房子里?

根据信息 2，我们得知诺西奥尼的宠物是暹罗猫，因此，他不可能住在第二栋房子里，因为第二栋房子的主人有一只宠物乌龟；而且由于他喝马黛茶，所以，他也不能住在第四栋房子里，因为第四栋房子的主人最常喝热巧克力。因此，诺西奥尼应填在 5A 栏中，他住在第五栋房子里。

从这一点也可以看出，在同一栋房子里，诺西奥尼最常喝的饮料是马黛茶（5C 栏），开的车是劳斯莱斯（5D 栏），养的宠物是暹罗猫（5E 栏），如表 30–5 所示。

表 30–5　根据信息 2、3 和 12 推断出来的内容

	1	2	3	4	5
A	佩佩・桑切斯		斯科拉		诺西奥尼
B	蓝色房子	黑色房子	红色房子	绿色房子	黄色房子
C			速溶咖啡	热巧克力	马黛茶
D	特斯拉				劳斯莱斯
E		乌龟			暹罗猫

现在，我们已经推理出来一些格子里应该填的内容，只剩下几个空格了。难道你不想继续完成它吗？接下来要搞清楚的问题是：普里吉奥尼住在哪里?

观察表 30–5，我们可以得知，普里吉奥尼住的房子可能填在 2A 或 4A 栏中。根据信息 3 可知，普里吉奥尼最常喝的饮料是牛奶咖啡，而第四栋房子的主人最常喝热巧克力。所以，结论是：普里吉奥尼住在第二栋房子里，应该把他的名字填在 2A 栏中，而且由于普里吉奥尼最常喝牛奶咖啡，说明必须把这种饮料填在 2C 栏中。

到了这里，我们发现，吉诺比利住的房子只有一个位置可供选择：在 4A 栏中（第四栋）。根据信息 13 可知，吉诺比利开的是保时捷，因此，可以把保时捷填在 4D 栏中。

根据信息 15，我们知道兰博基尼的主人有一位喜欢喝水的邻居，由于只有最后一个地方可以放饮料，因此水只能放在 1C 栏中。此外，我还可以把得到的兰博基尼放在 2D 栏中。

根据信息 6，法拉利的主人养了一只宠物松鼠。唯一的一个空白栏 3D 就是放置法拉利的地方。因此，可以把松鼠放在 3E 栏中。

现在我们只差一步就能完成表格并回答问题：根据信息 10 可知，兰博基尼主人的邻居养了一只金丝雀。你注意到了吗？如果你注意到了，就会发现金丝雀必须填在第一栋房子所在的那一列（1E 栏）。

到了这一步，我展示了填完整的表格，如表 30–6 所示。现在你将能够回答出来我最初提出的问题。拉布拉多犬的主人是谁？

表 30–6　根据信息 3、6、10、13 和 15 推断出来的内容

	1	2	3	4	5
A	佩佩・桑切斯	普里吉奥尼	斯科拉	吉诺比利	诺西奥尼
B	蓝色房子	黑色房子	红色房子	绿色房子	黄色房子
C	水	牛奶咖啡	速溶咖啡	热巧克力	马黛茶
D	特斯拉	兰博基尼	法拉利	保时捷	劳斯莱斯
E	金丝雀	乌龟	松鼠	拉布拉多犬	暹罗猫

根据以上推断，可以得出：拉布拉多犬的主人是吉诺比利。由图 30–6 可知，我们仅仅根据所给的信息，就推断出了缺失的所有内容，找到了答案。是不是很有趣？

第 31 章　数学家的消遣时间

首先，选择一个 5 位数。我将其命名为数字 x，x=abcde。这样，如果在该数字末尾添加 1，使其成为 abcde1，则新数字是在数字 x 开头添加 1 的数字 1abcde 的 3 倍。也就是说，数字 abcde1=3×1abcde。那么，x 这个数字存在吗？或者更确切地说，是否有符合上述条件的 5 位数？如果有，它是多少？你想自己先考虑一下吗？我想说的是，你也可以将此当作一种消遣。

用以下几种思考方法来解答这个问题：

1. 取数字 x 并完成以下等式，也就是通过分别在数字 x 开头和结尾添加 1 来满足一个数字是另一个数字的 3 倍：

$$3\times(100\,000+x)=10x+1 \tag{1}$$

你跟上我的思路了吗？我解释一下。

数字（$100\,000+x$）相当于将数字 1 添加到原数字 x 前面。不管在任何情况下，等式 $100\,000+x=100\,000+\text{abcde}=1\text{abcde}$ 成立。

另一方面，如果我将数字 x 乘以 10，如等式（1）的右边部分所示，可以得到数字 abcde0（以 0 结束，因为我将 x 乘以 10 了）。既然它必须以 1 结尾，那么，就应该给它加 1。然后，我们就能利用等式（1）算出我们最终想要的答案。

现在，我们回到等式（1），在其左边，我们可得到 $300\,000+3x$；而在其右边，我们可得到 $10x+1$。那么，等式（1）将变为：

$$300\,000+3x=10x+1$$

接下来，将 1 移到等式左侧，将 $3x$ 移到等式右侧。调整等式，就得到：

$$7x=299\,999$$
$$x=299\,999\div 7$$
$$x=42\,857$$

这个问题便解决了。我们要找的数字 x 不仅存在，而且答案是唯一的，$x=42\,857$。为什么说答案是唯一的呢？因为它是我们通过假设一步一步分析并计算出来的。回过头验证一下，也只有这个答案能够符合条件。

2. 还有很多方法可以帮助我们解决这个问题。我想再提供一个解答方案，计算时可能会有点费功夫，但思路基本上跟上面的方法一样。我们一起来看一看。

我们要验证的是这样的等式：$3\times$ 1abcde=abcde1。

先计算 $3\times$ e（你在将等式左侧相乘时可以看到），根据等式右侧的数字 abcde1 可知，它必须是以 1 结尾。那么，字母 e 应该是哪个数字呢？如果计算这个等式，[①] 就会发现 e 唯一的选择是数字 7，因为 $3 \times 7=21$。那么，在进行这一步计算时我们需要“进 2”。

接下来便有了这样的等式：

$$3 \times 1abcd7=abcd71$$

接下来，继续计算等式的左侧，我们会看到 $3 \times d$。此时，我们会发现 d 不能是 7，而是 5，因为在上一步计算时已经“进 2”了。这样一来，我们便得到了如下公式：

$$3 \times 1abc57=abc571$$

在等式左边，这一步的计算方法和上一步一样，需要“进 1”，因为 $3 \times 5=15$。而在等式右边，在计算时是将 5 和上一步进的 2 相加。与此同时，不要忘记考虑等式左边进的 1。相信你已经明白了计算的思路，那么现在我可以计算得快一点。按照这种方法计算，会依次得到如下结果：

$$3 \times 1ab857=ab8571$$

$$3 \times 1a2857=a28571$$

$$3 \times 142857=428571$$

通过这种计算方式，我们得到的答案跟用第一种方法计算得到的

① 在这种情况下进行计算，意味着要乘以 3（可考虑根据乘法口诀表计算），并注意唯一以 1 结尾的是 21，因为 $3 \times 7=21$。前 10 个 3 的倍数分别是 3，6，9，12，15，18，21，24，27 和 30。唯一以 1 结尾的是 21。

答案一致。因此，唯一满足条件的 5 位数是：

$$x=42\ 857$$

附言

142 857 这个数字还有一些其他特点，如果你对这个话题感兴趣，我建议你可以自行研究一下。例如，如果将数字 142 857 乘以 2，3，4，5，6 和 7，看看会发生什么。

$$142\ 857\times 2=285\ 714$$
$$142\ 857\times 3=428\ 571$$
$$142\ 857\times 4=571\ 428$$
$$142\ 857\times 5=714\ 285$$
$$142\ 587\times 6=857\ 142$$
$$142\ 857\times 7=999\ 999$$

值得注意的是，计算的结果中，1，2，4，5，7 和 8 这几个数字重复出现，直到乘以 7 后就不再重复了，当 142 857 乘以 7 时，得到的数字全是由 9 组成的。

当然，说到这里还没有结束。你还可以再做以下计算。这些计算都非常简单，相信没有我的陪伴你也会计算得很好。如果你已经做好准备，就来“推测”一下接下来会发生什么吧。

请计算：$1\div 7$，$2\div 7$，$3\div 7$，$4\div 7$，$5\div 7$，$6\div 7$，…

你认为会得到什么？你还有其他的想法吗？

第32章　彩蛋

假设一个盒子里装着一些被涂成红色和蓝色的塑料彩蛋，其中有几个彩蛋里有珍珠，另一些里没有。你不难猜出，接下来我们要做的是设法把装有珍珠的彩蛋很容易地从盒子中找出来，尤其要注意不能靠眼睛去找，而是通过计算得出来，因为这样能节省更多的时间。根据上述描述，我们列出了以下数据：

1. 这些彩蛋中，有40%含有珍珠，剩下的60%里面什么都没有。但从外面看，无法区分它们。

2. 含珍珠的彩蛋中有30%被涂成了蓝色。

3. 没有珍珠的彩蛋中也有10%被涂成了蓝色。

这就是我们所了解到的一切。

问题：如果你从盒子里取出一个蓝色的彩蛋，里面含有珍珠的概率是多少？

与往常一样，我建议你可以尝试自己先思考一下。没有人看着你，也没有人评判你，你只跟自己讨论。不管是否能找到正确的答案，都不能证明谁的智力更好或更差。无论如何，这是一个“智力挑战”，它有助于训练你的思维能力。难道你不想推理、想象或设计出一个能让自己找到答案的解决方案吗？

也就是说，你可以尝试推测一下，并据此看看能得出什么结论。当然，你还可以选择另一种方式，也就是什么都不去尝试，直接阅读下文。这两种选择肯定有很大的差距，就像你现在正在玩填字游戏，你需要思考在空格中填写哪些合适的字，而不是由我直接给你提供你需要的字。或者换一种说法，假如你去电影院看一部侦探片，影片会在刚开始的场景中就给你透露出谁是罪魁祸首或凶手吗？在我看来，如果你想“自娱自乐”，最好的方法是独自尝试一下，如果发现我的解决方案与你找到的方案不一致，就不妨把两个方案放在一起对比一下。你怎么知道自己的解决方案就不如我的好呢？如果我提供的解决方案有误怎么办？谁能保证万无一失？我想你应该能理解我的意思。下面我们继续。

解答

我建议你可以先不考虑前面给出的信息中各种彩蛋所占的比例，而是将思考问题的视角放在盒子上。假设盒子里共有 100 个塑料彩蛋，我们据此把上面这些数据信息重新整理一下，得到以下数据信息。你会发现这些数据信息跟前面的数据信息一样，只不过是以不同的方式把它们编写了出来。我们来看一下：

1. 100 个彩蛋中有 40 个含有珍珠。因此，有 60 个彩蛋是空的。
2. 在这 40 个含有珍珠的彩蛋中，有 30% 被涂成了蓝色。
3. 在没有珍珠的彩蛋中，有 10% 被涂成了蓝色。

那么，如果你从盒子里取出一个蓝色的彩蛋，它里面含有珍珠的概率是多少？

也许我可以更直接地得出以下这些结论。看看你是否赞同我给出的这些结论。

1. 在这100个彩蛋中，40个彩蛋含有珍珠，另外60个彩蛋是空的。

2. 在40个含有珍珠的彩蛋中，有12个彩蛋是蓝色的（占30%）。

3. 这意味着剩下28个含有珍珠的彩蛋是红色的。

4. 可以知道这60个不含珍珠的空彩蛋中，有10%的彩蛋（6个彩蛋）是蓝色的。

5. 剩下90%的彩蛋（其他的54个空彩蛋）是红色的。

通过分析，我们来分别计算一下能找出多少个红色的彩蛋和蓝色的彩蛋。我希望你也做一下计算，直到确信接下来要阅读的内容是正确的。

蓝色的彩蛋：12+6=18（个）

红色的彩蛋：28+54=82（个）

根据上面第2条信息的内容，你会发现共有12个蓝色的彩蛋里含有珍珠。现在，你认为有多少个红色的彩蛋和蓝色的彩蛋呢？如果你在盒子里拿出了一个蓝色的彩蛋，那它必须是18个蓝色彩蛋中的一个。现在我们知道在这18个蓝色彩蛋中有12个彩蛋里含有珍珠，也就是有2/3（12÷18=2/3）的蓝色彩蛋中含有珍珠。这就是我们一直在寻找的答案。

如果我们不是将所有的彩蛋数量假设为100个，而是采用百分比或概率的方式计算出结果，那么我们就会发现，如果你从盒子里取出了一个蓝色的彩蛋，将会有约66.7%（2/3）的概率取出含有珍珠的彩蛋，如图32–1所示。

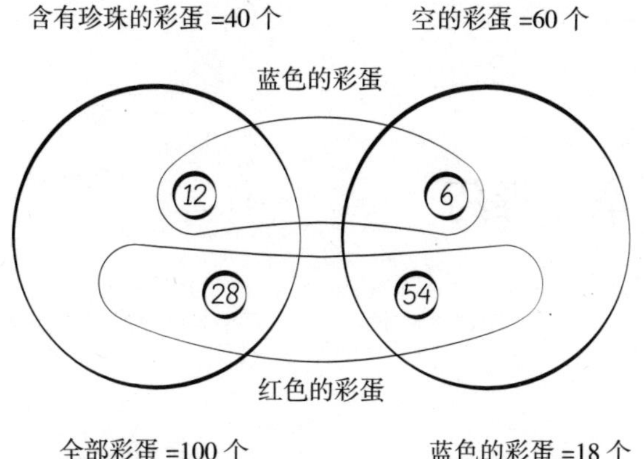

图 32-1　100 个彩蛋中含有珍珠的蓝色彩蛋的概率计算图示

结论

这个问题可以通过多种方式来解决，我选择了其中的一种方式。你也可能会选择另一种计算方式。不管怎样，重要的是，虽然我们选择的方式看起来不一样，但得出的结论都是有 2/3 的蓝色彩蛋中含有珍珠。

第33章　毒药

有一个问题在社交网络上流传了很长时间。据说，去谷歌公司应聘时，这是应聘者必须回答的问题之一。无论是否属实，这个问题很值得我们花时间去思考。

解决这个问题的思路与我们一贯的思维方式大不相同。这并不仅仅是为了让我们找到一个“解决方案”，更重要的是想出合适的解题方案。你有多少机会在没有压力的情况下快乐地思考？如果你脑中出现了一个自己从未出现的想法，会怎么办呢？你愿意失去这个机会吗？请继续跟我往下看。

桌子上有8个相同的小瓶子，这些瓶子里装有一种无害的液体（可能是水），但其中有一瓶液体中掺进了老鼠药。如果老鼠喝了这瓶含老鼠药的液体，10分钟内就会死亡。那么，怎样找出含有老鼠药的那瓶液体呢？一种可能的方法是抓一只老鼠，然后选择其中一瓶液体给老鼠喝。接下来等待10分钟。如果这只老鼠不死，就接着让它喝第二瓶液体。按照这个方法进行试验，你肯定能发现哪一瓶液体里含有老鼠药。如果我告诉你，你只有10分钟的时间来解决这个问题，这个办法就行不通了。

我们有10分钟时间找出含有老鼠药的那瓶液体。有了这个时间限制，你会发现只用一只老鼠试验是找不出含有老鼠药的那瓶液体的。请注意，如果此时你可以用8只老鼠，给每只老鼠分配一个瓶子，然后给它们喝里面的液体。等待10分钟后，一定会有一只老鼠死掉，这个瓶子就是我们寻找的目标。

这就是我们想得出的结论。显然，如果有8只老鼠，问题就可以被我们解决。如果只有不足8只的老鼠，是否有可能找到含有老鼠药的那瓶液体呢?

答案是肯定的。我们的目标是用最少的老鼠来找出含有老鼠药的那瓶液体。

在你解这道题之前，我再提一个建议：我们可以从用较少的瓶子开始。假设你有4瓶而不是8瓶液体试验，看看能否用不到4只老鼠找到含有老鼠药的那瓶液体。之后，请你按照这个思路继续推断一下，如果有8瓶液体该如何做。

解答

首先，我想告诉你我的做法。我建议，在这个过程中，如果你认为某种思路对自己有帮助，就立刻停止阅读，并看一下自己是否可以独立解题。

你可以假设我们有4瓶而不是8瓶液体。当然，用4只老鼠就足够了，但我们的想法是用更少的老鼠来找到含有老鼠药的那瓶液体。用3只老鼠可以吗?

我给你的提议如下：给4个瓶子编上号，即1号瓶子、2号瓶子、3号瓶子和4号瓶子。将4号瓶子放在一边，暂时不要碰它。让3只老鼠分别喝1号瓶子、2号瓶子和3号瓶子里的液体，然后等待10分钟。如果10分钟后某一只老鼠死了，就能确定哪瓶液体里含有老鼠药；如果10分钟后所有的老鼠都还活着，说明老鼠药就在4号瓶子里。也就是说，用 3 只老鼠可以得出解题的策略。

那么，如果用两只老鼠可以吗？难道你不想自己思考并得出结果吗？

我继续说。假设只有两只老鼠，我们称它们为老鼠甲和老鼠乙。

让老鼠甲喝 1 号瓶子和 3 号瓶子里的液体。

让老鼠乙喝 2 号瓶子和 3 号瓶子里的液体。

等待 10 分钟，看看会发生什么。

如果 10 分钟后这两只老鼠都没有死亡，那么老鼠药就不在 1 号瓶子、2 号瓶子和 3 号瓶子中，因为它们喝了这 3 瓶液体。这说明这两只老鼠没有喝的 4 号瓶子的液体中含有老鼠药。

如果只有老鼠甲死了，说明老鼠药在 1 号瓶子里。因为虽然老鼠甲喝的是 1 号瓶子和 3 号瓶子里的液体，但如果老鼠药在 3 号瓶子中，那么老鼠乙也会死亡。由于情况并非如此，只有老鼠甲死了，因此老鼠药肯定就在 1 号瓶子里。

如果只有老鼠乙死了，根据同样的推理，老鼠药就在 2 号瓶子里，因为如果在 3 号瓶子里，老鼠甲也会死亡。

如果这两只老鼠都死了，那么老鼠药就在 3 号瓶子中，因为只有 3 号瓶子里的液体两只老鼠都服用过。所以，要判断 4 个瓶子中哪个里面有老鼠药，只需要两只老鼠就够了。

在我进一步说明之前，我得出了另一个结论：当我们用更多瓶液体进行推理时，如我用 4 瓶液体，可以分析出导致两只老鼠死亡所有可能的情况。也就是说，有 4 种可能的情况：两只老鼠都没有死亡，老鼠甲死亡，老鼠乙死亡，两只老鼠都死亡。在每一种情况下，瓶子的数量都是不变的。

那么，如果是 8 瓶液体，如何使用相同的思路来解题呢？如果用

3只老鼠进行试验，可能出现的情况是什么？我们假设3只老鼠为老鼠甲、老鼠乙和老鼠丙。

1. 任何一只老鼠都没有死亡。
2. 只有老鼠甲死亡。
3. 只有老鼠乙死亡。
4. 只有老鼠丙死亡。
5. 老鼠甲和老鼠乙都死亡。
6. 老鼠甲和老鼠丙都死亡。
7. 老鼠乙和老鼠丙都死亡。
8. 老鼠甲、老鼠乙和老鼠丙都死亡。

从以上信息中可以推断出什么？这说明用3只老鼠就足以推断出结果。为什么？如果我把每个瓶子里的液体进行适当地分配，给每只老鼠喝不同的混合液体，等待10分钟时间，看看哪些老鼠死亡，就能够准确地确定哪瓶液体中含有老鼠药。[①]

现在看看上述8种情况。当我有8瓶液体时，我可以使用以下方法试验：

让老鼠甲喝2号瓶子、5号瓶子、6号瓶子和8号瓶子中的液体。
让老鼠乙喝3号瓶子、5号瓶子、7号瓶子和8号瓶子中的液体。
让老鼠丙喝4号瓶子、6号瓶子、7号瓶子和8号瓶子中的液体。

---

① 这个实验是将每瓶液体与老鼠死亡的一种可能的变量联系起来。每种可能的情况都对应一个瓶子的编号。10分钟后，看一下哪些老鼠死了，这个“变量”就能表明哪瓶液体中含有老鼠药。

根据这个方法，我们就能准确地识别出哪瓶液体中含有老鼠药。为什么？因为如果只有老鼠甲和老鼠丙死了，那么，根据上述 8 条信息，就能确定这两只老鼠刚才都喝了 6 号瓶子里的液体。这就能确定哪瓶液体中含有老鼠药。如果 3 只老鼠都死了，老鼠药就在 8 号瓶子里。如果只有老鼠丙死了，老鼠药就在 4 号瓶子里。正如你所看到的，用这个方法就能涵盖所有可能的情况。

附言

你可以得出好几个结论。如果有 4 瓶液体（或更少），需要两只老鼠就可以了；如果有 8 瓶液体（或更少），需要 3 只老鼠就可以了；如果有 16 瓶液体（或更少），你会发现需要 4 只老鼠就可以了；如果有 32 瓶液体（或更少），需要 5 只老鼠就可以了；等等。所有这些数字之间有什么联系？它们都是 2 的幂。在有 4 瓶液体的情况下，由于 $4=2^2$，需要两只老鼠。在有 8 瓶液体的情况下，由于 $8=2^3$，需要 3 只老鼠。在有 16 瓶液体的情况下，由于 $16=2^4$，只需要 4 只老鼠。一般来说，对于任何非 0 自然数 n，如果你有 2^n（或更少）瓶液体，就需要 n 只老鼠。[①]

还有一个结论。无论你能否给出答案，都不重要，相信我，解题的过程才是唯一重要的。只有尝试过，努力过，你才可以利用更少的条件找到答案，这很可能会向你提供一个你从未使用过的思路。你现在怎么知道这个思路不会为你以后解答其他问题提供帮助呢？哪怕只是证明出这个思路不可行，也值得我们去尝试。

这就是最纯粹、最美丽的数学，它就在那里，所有人都可以学会它。

---

① 正如你所注意到的，我在这里证明的是，如果有 2^n 瓶液体，那么用 n 只老鼠就足以解决这个问题。但我没有做的是（我想我也不知道如何做），证明找出哪瓶液体中含有老鼠药，最少需要用 n 只老鼠。也就是说，如果有 2^n 瓶液体，是否有可能在少于 n 只老鼠的情况下，找出哪一瓶液体中含有老鼠药呢？

第 34 章　连通数

假设把所有非 0 自然数 1，2，3，4，5，…按照如图 34–1 所示的方式相连。

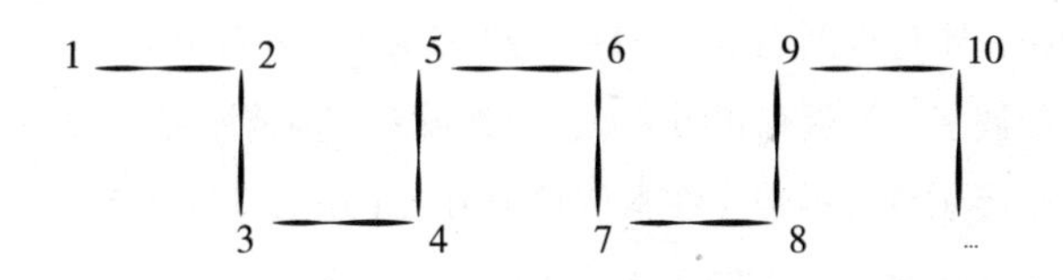

图 34–1　把自然数用线段相连

正如你能意识到的那样，在某些情况下，这些自然数一定是按这样的顺序排列：121，122，123，…，235，236，237，…。

是否有办法推断出这些数字的分布情况呢？也就是说，哪些数字是横向连接的，哪些数字是纵向连接的？当然，我们可以通过画图，并在到达指定的数字时回答这个问题，但我们的想法是设法推断出一些方法，使我们能够确定其分布的位置，而不必借助所谓的“蛮力”。

看一下图 34–2 中四幅图形是由什么形状的线段组成的。

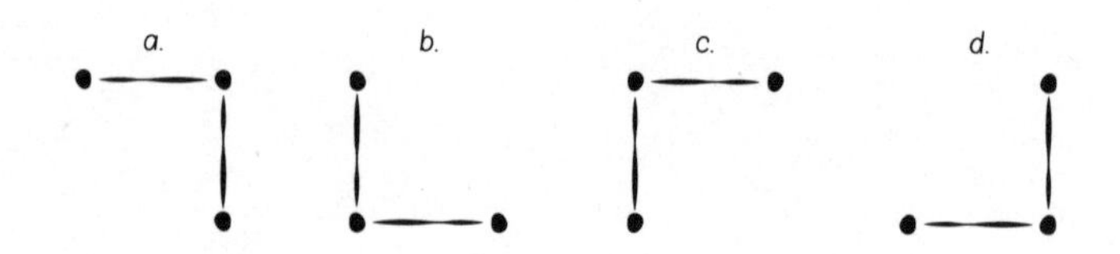

图 34-2 用线段连接数字形成的图形

解答

我们可以分析连接这些数字后的图形重复出现的模式。注意，从数字 1 开始连接，可以得出以下结论：

1 ⟶ 向右 2 ⟶ 向下 3 ⟶ 向右 4 ⟶ 向上

我们会发现，这种模式在无限地重复。由此可以推断出，第四个数字（向上）必然是 4 的倍数。

现在，要想推断出数字 121，122 和 123 的分布位置，我们需要看看这几个数字中是否有 4 的倍数。显然没有。但请注意，120 是 4 的倍数。从数字 120 往后数（在本例子中为 121），以 121 为起点，可以很快推断出这些数字的分布位置，如图 34–3 所示。

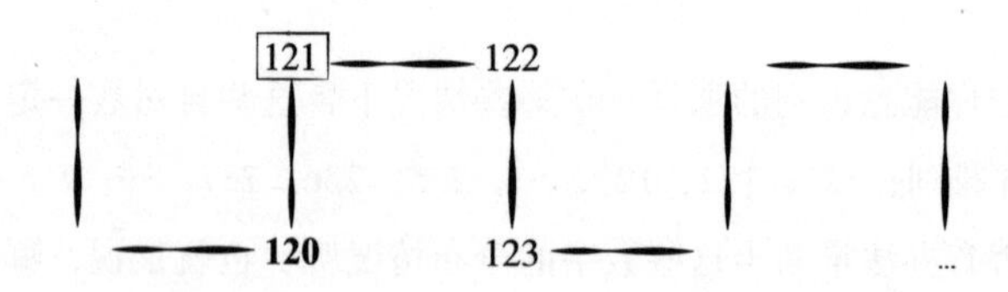

图 34-3 数字 121，122 和 123 的分布位置

很明显，在图 34–3 中，由于 120 是 4 的倍数，120 所在位置就是新的四个数字循环开始的地方。那么，121，122 和 123 的分布位置就很清楚了。说到这里，你不认为自己有能力推断出数字 235，236 和

237 的分布位置吗？我接着往下说。我们再试着找出 235，236 和 237 的分布位置。这三个数字中，236 是 4 的倍数（59×4=236）。那么，这三个数字的分布位置如图 34–4 所示。

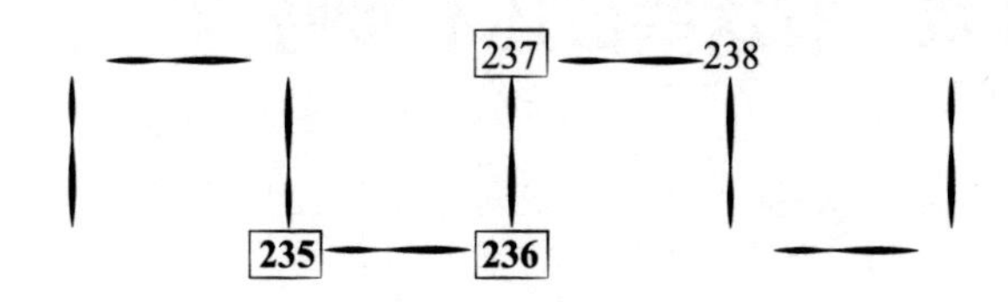

图 34–4　数字 235，236 和 237 的分布位置[①]

附言

数字 121，122 和 123 的连接方式如图 34–3 所示，而数字 235，236 和 237 的连接方式如图 34–4 所示。就这样，答案找到了。

① 此图作者在原书中绘制为“235 —— 238 236 237”，经推算，似原书有误。——编者注

第 35 章　有这些数还不够吗

这是一个非常好、非常独特的数学问题（当然，不是我提出的）。我第一次见到它是在英国著名数学家詹姆斯·普罗普的博客上。

解决这个问题需要你有很大的耐心并反复试验。就像我经常强调的那样，不要灰心。我花了很长时间才找到问题的解决方案。

现在我们一起来解决一下。假设你在心里想三个正整数 x，y 和 z，当然也可以把整数 0 包含在内，然后我问你两个问题，最终我来找出你想的这三个数字。

1. 我自己选择了三个正整数 A，B 和 C，随后你必须按照下面的方式计算出和是多少：

$$Ax + By + Cz$$

一旦你解答了上面这个问题，那么我会再问你一个问题。

2. 我再选择另外三个正整数 D，E 和 F（可以把 0 也包括在内），那么，现在你必须按照下面的方式计算出和是多少：

$$Dx + Ey + Fz$$

有了这些数据后，你要想出某种解决这个问题的方案，这样，当你解答出这两个问题之后，我就可以推断出你最初选择的数字 x，y 和 z。

在给你时间考虑这个问题之前，我想说明这次的做法与以往不同——这次我不希望我给出的解决方案影响你的判断。即便你暂时遇到了瓶颈，也肯定能找到最终的答案。相信我，通过解答我前面提出的两个问题，你总是能够找到数字 A，B，C，D，E 和 F，这样你就能得出 x，y 和 z 是多少了。你真的能做到，要对自己有信心。

现在，你可以自行思考一下。

解答

我举一个例子，它对我理解如何解决这类问题有很大的帮助。假设你选择的数字是 13，29 和 11，即 $x=13$，$y=29$，$z=11$；而我选择的数字是 1，1，1，即 A=B=C=1。也就是说，你选择的三个数与我选择的三个数字用 $Ax + By + Cz$ 的方式计算的和为：

$$1 \times 13+1 \times 29+1 \times 11=53$$

你要做的就是告诉我按这种方式计算出的和是多少，显然是 53。

接下来，我打算选择一个大于 53 的更有代表性的数字——10 的乘方（10 的幂），如 100。[①] 当然，选择任何大于 100 的数字都可以。

现在，我选择的数字 D，E 和 F 分别为：

$$D=100^2=10\ 000$$

① 将三个数字相加后，我们知道了它们的和是几位数。这也是选择 10 的乘方的一个重要依据。

$$E=100^1=100$$

$$F=1$$

根据下面的方式就可以计算出 $Dx + Ey + Fz$ 的和是多少。

$$10\,000 \times x+100 \times y+1 \times z$$

你不想看看会发生什么吗？

请记住，你选择的数字是 13，29 和 11。所以，你必须告诉我 $Dx + Ey + Fz$ 的和是多少。

$$10\,000 \times 13+100 \times 29+1 \times 11=130\,000+2\,900+11=132\,911$$

你知道发生了什么吗？很明显，你会发现你最初选择的三个数字 13，29 和 11 出现在了上面这个等式的答案 132 911 中。答案找到了！是不是很神奇？

最后，我建议你可以看看，如果选择 1 000（10^3）或更大的数字而不是选择 100（10^2），会发生什么。在这个问题中，我认为最有趣的探索部分是：它为什么有效？

附言

如果我们选择 n 为 1 000（10^3）而不是 100，会发生什么？

根据我之前的计算方式，数字 D，E 和 F 应该是：

$$D=n^2$$

$$E=n$$

$$F=1$$

也就是当 $n=100$（$n=10^2$）时，D=10 000，E=100，F=1。那么，当 $n=1\ 000=10^3$ 时，D，E 和 F 会发生什么变化？我们得到的结果是：

$$
\begin{aligned}
& n^2\times 13+n\times 29+1\times 11 \\
=& (1\ 000\ 000\times 13)+(1\ 000\times 29)+(1\times 11) \\
=& 13\ 000\ 000+29\ 000+11 \\
=& 13\ 029\ 011
\end{aligned}
$$

我们可以看到，在上面算式的计算结果 13 029 011 中，我们最初选择的那三个数字 13，29 和 11 也出现了。选择 $n=100$，即 10^2，好处是有助于使三个数字单独出现，可以更好地发现这三个数字。当然，选择任何大于 100（10^2）的数字，效果都是一样的。

第 36 章　下雨天谁会赢得比赛

假设你想在某赛马比赛中赌一把。其中有一场特殊的比赛吸引了你：只有两匹马竞争的比赛。

这正是我们要一起来分析的例子。假设这两匹马分别为 D 和 F。已知它们一共进行了 12 场比赛，结果如下：

D 赢了 5 场。

F 赢了 7 场。

如果它们要再次进行比赛并且你必须下注，你唯一可以参考的数据是这 12 场比赛中它们赢得比赛的场次。因此，D 获胜的概率是 42%（$5 \div 12 \approx 0.42$），F 获胜的概率是 58%（$7 \div 12 \approx 0.58$）。由于概率是近似值，我们只考虑小数点后两位小数。

上述分析都没问题，对吧？但是，我要在这个分析中告诉你其中的一个情况——在 D 获胜的 5 场比赛中有 3 场下雨了，另外，[①] 还有一

---

① 每次我说下雨的时候，你必须明白，无论是在比赛开始前下雨，还是在比赛过程中下雨，我们考虑的都是当时比赛时的情况，至于下雨持续的时间长短不是考虑的重点。

场在下雨时进行的比赛 D 输了。

由此可以看出，D 在下雨时参加比赛似乎表现得更好。

有趣的是，你在赛马场准备下注的那一天正好也下着雨。

在这种情况下，是否会影响你的决定？下雨这个事实是否迫使你改变下注的目标？

我们来分析一下这两个场景的情况：

1. 如果你忽略有关天气的信息并采用你所知道的 12 场比赛中胜负情况的数据来衡量，你应该下注给 F（因为 F 获胜的概率是 58%）。

2. 如果你只关注天气情况，忽略整个比赛中发生的其他情况，你就应该给 D 下注。为什么？因为 D 赢得了 5 场比赛，其中 3 场比赛都是在下雨的时候进行的。也就是说，D 赢得比赛时下雨的概率为 60%（3÷5=0.6）。但是，如果你以这种方式押注，就会忽略一个关键的事实：总体来说，D 赢得比赛的场次比 F 赢得比赛的场次少。

最后，我们的目标是尝试“结合”以上两条信息，或者说根据我们所知道的信息，计算出 D 赢得这次比赛的概率是多少。

我们进一步看一下这四种情况：

1. 下雨时 D 获胜。
2. 不下雨时 D 获胜。
3. 下雨时 D 输。
4. 不下雨时 D 输。

根据已知的信息，我们知道在 D 获胜的 5 场比赛中，比赛前（或比赛期间）下过 3 次雨。我们也知道，在它输掉的比赛中有一场是比赛之前（或比赛期间）下过雨，而它在晴天（或无雨时）赢过两场比赛。

由于一共进行了12场比赛，那么D在晴天输掉的比赛场次是：12-（3+1+2）=6（场）。

现在，我归纳一下所有的信息，如表36-1所示。

表36-1 D在所有比赛中的输赢情况统计

	雨天	晴天
D赢了	3	2
D输了	1	6

我们要解决的问题，或者说我们应该回答的问题是：在下雨的时候，D赢得即将进行的比赛的概率是多少？

说到这里，我想说明，下面的分析非常重要。请你阅读以下内容，并注意我说的下面两句话，它们分别计算出的概率是不同的：

1. 在知道下雨的情况下，D获胜的概率。
2. D赢得比赛时下雨的概率。

事实上，我们已经计算出了D赢得比赛时下雨的概率，而这个概率就是60%（因为已知的数据表明，在D获胜的5场比赛中，有3场比赛在下雨）。那么，在下雨的情况下，D赢得即将进行的比赛的概率是多少呢？

要计算这个概率，就必须将某件事已发生的次数除以这件事可能发生的次数。我们知道，在下雨时D赢了3场比赛，但总共有4场比赛在下雨。因此，在知道下雨的情况下，D赢得比赛的概率是75%（3/4或0.75）。

在D和F“一对一”的所有比赛中，尽管F赢得了大多数场次的比赛，但是，根据上述的推断，我们得出一个重要信息——D 赢得比赛的可能性更大。

总之，根据相关信息，我们可以得出：当你要下注的时候，如果当时正在下雨，请下注给 D；如果当时没有下雨，就应下注给 F。

其实我在上文已经大概描述了贝叶斯定理的基本思路，该定理主要用于在特定情况或意外情况下确定某件事情即将发生的概率。这一点很重要，因为它能帮助我们计算一件事在受到意外因素或特殊因素影响下将会发生的概率。就上述例子来说，如果没有增加下雨的信息，那么计算出的 D 赢得比赛的概率就不一样了。如果我们了解过去双方比赛时发生的情况，就会明白这些数据信息最终将起到决定性的作用。

可以将该定理总结为以下公式：

$$P(A|B)=P(B|A)\times P(A)/P(B) \qquad (*)$$

在 $P(A|B)$ 中，你应该读取到的信息是：$A|B$ 为事件 A 即将发生的概率，因为我们已经知道事件 B 发生了。换句话说，当事件 B 已经发生时，事件 A 即将发生的概率。

以 D 和 F 的比赛为例，在一对一的比赛中，我将 D 赢得比赛作为事件 A，而下雨作为事件 B。

我们要解决的问题（或我们要计算的概率）是 $P(A|B)$。

另一方面，$P(B|A)$ 是 3/5，即 0.6，其实就是计算出了在知道 D 赢得比赛的情况下，下雨的概率（因为这里的 B 代表在下雨时 D 赢得比赛的场次，而 A 代表 D 赢得比赛的总场次）。

此外，$P(A)$ 是 D 赢得比赛的概率（计算它时，就不需要考虑关于事件 B 的信息）。在这种情况下，由于它们进行了 12 场比赛，而 D 只赢了 5 场比赛，所以 $P(A)=5/12=0.42$，即 42%。

最后，如何解释 $P(B)$？这意味着无论两者之间的比赛结果如何，都要估计下雨（或已经下雨）的概率。我们知道，在 12 场比赛中有 4 场比赛在下雨，在这种情况下，$P(B)=4/12=0.33$，即 33%。

现在我们已经拥有使用贝叶斯公式（*）所需的所有数据：

$$P(A|B)=P(B|A)\times P(A)/P(B)=0.6\times 0.42/0.33=0.76$$

如果你查看我在前面讲过的内容，就会发现，这里得到的答案与通过表 36–1 中数据信息得到的答案趋于相同。该表显示了 D 在下雨的情况下和没有下雨的情况下赢得比赛和输掉比赛的场次。

贝叶斯定理的用途是通过已知事件的概率推测出未知事件的概率。需要注意的是，未知事件的概率并不是通过某个事件发生的次数计算出来的。这个定理非常好，虽然在实践中我们从来没有（或者说几乎没有）使用过这种算法，但我们确实可以通过它计算某些事件发生或不发生的概率。

当然，如果我们可以单纯地依靠计算就能得出想要的概率（就像我们在本章中计算 D 在知道下雨的情况下赢得比赛的概率的例子中所做的那样），那么贝叶斯定理就不会有任何用武之地。

那么，如何证明或理解贝叶斯定理？如何列出这个公式？

我们再来看一下贝叶斯公式（*）。对这个公式进行梳理，我们肯定会有所收获。我们回到 D 和 F 比赛的问题上。我们要做的是计算在知道下雨的情况下 D 赢得比赛的概率。为了计算出这个概率，我们必须知道符合 D 赢得比赛条件的概率，也就是计算出 D 赢得比赛时下雨的概率。这个概率可以表示为：

$$P(L|G)$$

在上面的式子中，大写字母 L 是西班牙语单词 llover 的首字母，这个单词的含义是“下雨”；大写字母 G 是西班牙语单词 ganar 的首字母，这个单词的意思是“赢”。这个概率可以通过将 D 在下雨时赢得比赛的场次除以 D 赢得比赛的总场次来计算：

$$P（L|G）=N（\text{D 在下雨时赢的场次}）/N（\text{D 在全部比赛中赢的总场次}）（**）$$

上面公式中字母 N 是西班牙语单词 número 的首字母，这个单词的意思是数量。

如果要计算概率，如上文所示，我们应这样做：将 D 在下雨时赢的场次除以它赢的总场次。为了表述方便，下面我们简化一下：

$$N（\text{D 赢，且下雨}）=\text{D 在下雨时赢的场次}$$
$$N（\text{赢}）=\text{D 在全部比赛中赢的总场次}$$

为了进一步得到 P（D 赢，且下雨）和 P（赢）的概率，我们需要把公式（**）的分子 N（D 赢，且下雨）和分母 N（赢）都除以 n（这里的 n 代表比赛的总场次），于是我们会得出下面的公式：

$$P（\text{下雨 |D 赢}）=\frac{[N（\text{D 赢，且下雨}）]/n}{N（\text{D 赢，比赛总场次}）/n}$$

我们要计算的 $P（L|G）$ 就是上面这个公式的中文表达方式 P（下雨 |D 赢）的概率；而 $[N$（D 赢，且下雨）$]/n$ 计算的是 P（D 赢，且下雨）的概率；N（D 赢，比赛总场次）$/n$ 计算的是 P（赢）的概率。综上所述，我们可以得出以下公式：

$$P(\text{下雨}|\text{D赢})=P(\text{D赢，且下雨})/P(\text{D赢})$$

$$\boxed{P(\text{下雨}|\text{D赢})\times P(\text{D赢})=P(\text{D赢，且下雨})}$$

可以看到，通过将 P（赢）调换位置，我们得到上面画方框的公式。同样的思路，如果我们要计算 P（D 赢 | 下雨），也就是计算下雨时 D 赢的概率，即 P（D 赢 | 下雨）=P（D 赢，且下雨）/P（下雨），我们就必须采用同样的方式，将 P（下雨）调换位置。最后我们可以得到下面的公式：

$$\boxed{P(\text{D赢}|\text{下雨})\times P(\text{下雨})=P(\text{D赢，且下雨})}$$

在这个等式中，P（下雨）表示在所有比赛场次中于下雨时进行的比赛场次。将以上两个画方框的等式中包含的所有项整合在一起，可以得出：

$$\boxed{P(\text{D赢}|\text{下雨})=P(\text{下雨}|\text{D赢})\times P(\text{D赢})/P(\text{下雨})}$$

那么，最后一个等式就是贝叶斯公式。在这种情况下的具体计算方法是：

$$\begin{aligned}P(\text{D赢}|\text{下雨})&=P(\text{下雨}|\text{D赢})\times P(\text{D赢})/P(\text{下雨})\\&=[(3/5)\times(5/12)]/(4/12)\\&\approx(0.6\times0.42)/0.33\\&\approx0.25/0.33\\&\approx0.76\end{aligned}$$

第 37 章　最大值的最小值和最小值的最大值

这是一个很棒的问题，因为这个问题能让我们去思考做出什么决定会更好。

假设你在一个特殊的“棋盘”前，但这个特殊“棋盘”不是横竖均是 8 个格子的标准棋盘，而是横竖均为 5 个格子的“棋盘”。

我会把 1，2，…，25 这些自然数随意写到这个“棋盘”的每个格子中。这些数字在“棋盘”上的分布如表 37–1 所示。你也可以准备一个这样的特殊“棋盘”来演示。

表 37–1　自然数 1 到 25 在横竖均为 5 个格子的“棋盘”中的分布示意

7	12	24	4	13
1	16	11	23	15
5①	8	2	19	21
18	14	6	25	9
3	10	17	22	20

① 作者在原书中将此处的数字 5 错写为数字 4，后面的表 37–2 和表 37–3 此处存在同样的错误。——编者注

正如你所看到的，我把前 25 个自然数随意写在了格子中。现在，我们开始一个“游戏”。请你看一下数字的分布情况，然后随意选择一行。我也参与这个游戏，但我不选择任意一行，而是选择任意一列。

现在我们来看看你选择的那一行和我选择的那一列“交叉”的方格。我按照交叉的那个方格里的数字付给你相应数额的钱。

无须多言，你的想法肯定是最大限度地得到更大的数字，这样你就能得到更多的钱。同时，我会尝试进行反向操作，尽量减少我的损失。应该怎么做呢？也就是说，你该如何做才能赚取最多的钱，而我则如何设法让自己的损失最小？

这就需要数学发挥作用（或应该用数学发挥作用）。即使我不从“数字”的角度去思考这个问题，在我们日常的社会生活中，这也应该是很常见的现象。就以上这个问题来说，数学将让你很好地了解设计什么样的策略才能提高我们双方赢钱的机会。你想过该怎么做吗？

以下几个方法可供参考：

像之前一样，除了解决这个特殊例子中的问题之外，我们的想法应该是构建一个可以外推到一般情况的框架。在这种情况下，不仅可以适用于横竖各有 5 个格子，而且也适用于横竖各有 n 个格子，即 $n \times n$ 个格子。

接下来，你甚至可能会问：格子的数量必须是横竖都一样多吗？我们能不能把它扩展到 $n \times m$ 个格子？其中 n 和 m 不一定是同一个数字。我继续往下说。

我的建议是：你从表格 37–1 的每行中选择最小的数字。也就是说，一行一行地浏览，然后标出每一行数字中最小的一个数字。我标记的数字如表 37–2 所示。

表 37-2　我标记出的每一行中最小的数字

7	12	24	4	13
1	16	11	23	15
5	8	2	19	21
18	14	6	25	9
3	10	17	22	20

在表 37-2 中，每一行的最小数字分别是 4，1，2，6 和 3。我们从这 5 个数字中取最大的一个数字 6。我把它称为 x。

从表 37-2 中可知，在每一行的最小数字中，6 是最大的一个数字。此外，数字 6 位于第四行。这样一来，如果你选择该行，那么无论我选择哪一列，你获得的最小金额将会是 6 元。也就是说，在每一行最小的数字中，如果你选择第四行中的数字 6，6 元就是你得到的最小金额。

现在轮到我了。我打算尝试相反的做法。我将从所有的列中选择最大的数字。看一看现在的格子是什么样的，如表 37-3 所示：

表 37-3　我选择的所有列中最大的数字

7	12	24	4	13
1	16	11	23	15
5	8	2	19	21
18	14	6	25	9
3	10	17	22	20

从表 37-3 中可以看到，我能选择的 5 个数字分别是 18，16，24，

25 和 21，从中找到最小的一个数字，并把这个数字称为 y。在 $y=16$ 这种情况下，它出现在第二列。我将会选择第二列，因为无论你选择哪一行，我只需要最多付给你 16 元。通过这种方法，一方面，我将可能损失的钱进行量化分析，另一方面，我试图把自己的损失降到最低。因为无论你选择哪一行，我知道我最多只给你 16 元。

最后，你选择行（第四行），我选择列（第二列）：两者“交叉点”方框内的数字是 14。这时我们已经发现 $x<y$。

我们俩都很高兴：我将付给你 14 元。这超过了你选择的 6 元，而我必须设法让自己付给你的钱少于 16 元。你可能会问：是否永远都会是 $x<y$ 呢？

实际上，答案是肯定的，即便是在极端情况下，答案可能还是一样。那么，你想过如何证实这一点吗？

我认为这很容易回答。为了“确定 x”，首先我们从每一行中选择一个数字，该数字是该行所有数字中最小的一个数字。现在，请你记住，每一行中选择的这 5 个数字中的每一个数字都是该行中最小的数字。而我最终选择 x，因为在这 5 个数字中，x 是最大的一个数字。是的，它是这几个最小数字中最大的一个数字。这一点毋庸置疑。

与此同时，我在每一列中选出一个最大的数字。尤其需要你注意的是，我选的这些数字中的每一个数字不仅是该列中最大的数字，它还位于某一行中，所以该数字也会大于你在每一行中所选择的 5 个（最小）数字。

例如，如果我在第一列中选择了一个数字 18，因为 18 不仅是这一列中最大的数字，它还属于第四行。但在第四行中，数字 18 不可能是最小的数字。（特别强调一点，18 不可能是第四行中最小的数字，如果它是第四行中最小的数字，你可能会在选择数字时选择它）。如果你看一看，就会发现我说的是真的。换句话说，最终的情况是，18 比你从第四行中选择的数字 6 大（你从第四行中选择的数字是 6）。

如果你跟着我的思路分析（如果你没有自己的思路，我建议你不要继续了），就会发现，这其实很简单。你选的最小数字中最大的那一个数字竟然比我选的最大数字中最小的那一个数字还要小。这也证明了 $x<y$。

附言

我想，在这一点上，你会同意我的观点，如果不是选择一个横竖各有 5 个格子的特殊“棋盘”，而是选择任何一个横竖各有 n 个格子的特殊“棋盘”，其原理都相同。此外，不论是正方形的特殊“棋盘”，还是长方形的特殊“棋盘”，都会发生同样的事情。这就是结论。

第 38 章　和的平方与平方差

我们在学校里学到了很多代数公式，但我们可能并不十分了解这些公式出自哪里，也不知道这些公式的用途是什么。我们往往被要求记住它们，当然我们“几乎”也会立即忘记它们。

借此机会，我们一起推断一些以图形呈现的公式，就像简单地通过画图解释这些公式一样。接下来，我们一起看看下面的公式。

1. 第一个公式是由著名的“二项式完全平方公式”发展而来。或许你已经听说过这个公式了。这个公式表达的意思是什么呢？假设有任意两个正数 A 和 B，我可以用这两个数字构建两个正方形和一个长方形：一个是以 A 为边长的正方形，一个是以 B 为边长的正方形；长方形其中两条边的长为 A，另外两条边的长为 B。

我们知道，要计算这些正方形和长方形的面积很容易。第一个正方形的面积为：$A \times A=A^2$；第二个正方形的面积为：$B \times B=B^2$；而长方形的面积为：$A \times B$。

现在，请你跟着我的思路，我们一起建立一个新正方形。这个新正方形的边长将是两个正数 A 和 B 的和。也就是说，新正方形每条边的长都是（A+B）。如图 38–1 所示，我将通过（A+B）来得到新正方形的边长。

假设我现在想计算新正方形的面积，即（A+B）^{2}=A^2+B^2。但是，如果你再看一下图 38–1，会发现这个等式不正确。

在我写出下面公式之前，你不想推算一下这个新正方形的面积是多少吗？我接着写下这个公式：

$$(A+B)^2=A^2+A\times B+B\times A+B^2$$
$$=A^2+2AB+B^2$$

这个公式我们几乎熟记于心，即“两个数和的平方等于它们的平方和加上它们乘积的两倍”，如图 38–1 所示。

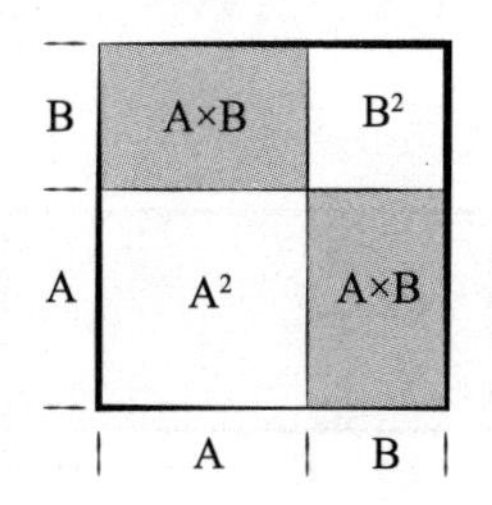

图 38–1　新正方形的面积

2. 现在我建议我们一起思考如何用画图来解释另一个代数公式。在学校读书时，我们的大脑就被这个公式“训练”过。这就是著名的“平方差公式”。像以前一样，我们取两个正数 C 和 D（D<C）。我想通过画图计算 C^2–D^2 的结果。

我建议我们按照下面两个方面来做。一方面，我们画出边长为 C 的正方形，其面积为 C^2。另一方面，由于 D 比 C 小，我们画出边长为 D 的正方形，这个正方形的面积是 D^2。

现在，我们的目标是计算出 C^2–D^2 的结果。

在边长为 C 的正方形内，剪掉边长为 D 的正方形，你会发现还剩下长方形 1 和长方形 2，如图 38–2 所示。那么，这两个长方形的边长是多少呢？

长方形 1 的长为（C–D），宽为 D。长方形 2 的长为 C，宽为（C–D）。现在，我把长方形 1 拼接到长方形 2 上，如图 38–3 所示。

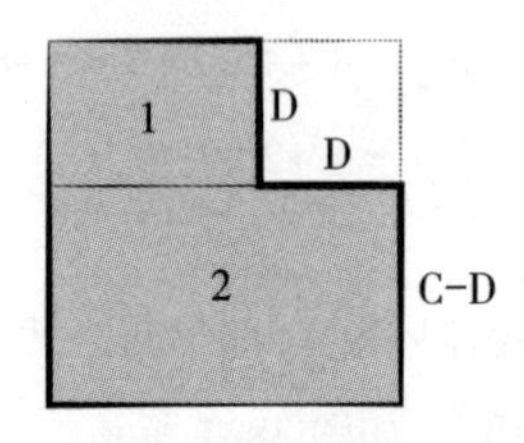

图 38–2　在边长为 C 的正方形内剪掉边长为 D 的正方形

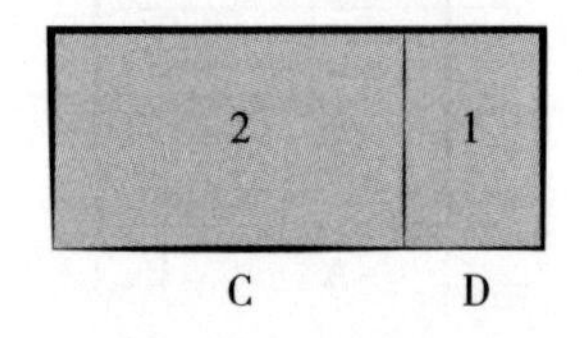

图 38–3　由长方形 1 和长方形 2 拼接成的新长方形

根据图 38–2，我们已经推断出阴影区域的面积等于 $C^2–D^2$。此外，如图 38–3 所示的新长方形的面积也必定等于 $C^2–D^2$。

如图 38–3 所示，新长方形的长等于（C+D），宽等于（C–D）。

这个长方形的面积是：

$$(C+D) \times (C-D)$$

进一步得出：

$$C^2 - D^2 = (C+D) \times (C-D)$$

通过上述内容，我们已经成功地说服了自己（至少我希望如此），使我们计算出“和的平方”和“平方差”公式，知道这两个公式是如何被推算出来的。

这个示范不是很好吗？

第 39 章　能帮我个忙吗

请注意！如果你往下看，会发现本章有许多数字、图形和字母“x”。特别是字母“x”，它的数量很多，这勾起了我们儿时不好的回忆。不是吗？但你不必担心，也不要痛苦，它们本身对你没有任何影响。我跟它们交谈时，它们向我解释说，由于没有给它们时间装扮成任何东西，它们才不得已以自己的身份出现。嗯，我知道，如果现在让你摆脱这个话题，可能会是一种诱惑；如果你允许，我想请你帮个忙。可以吗？

几天前，我们在进行关于传播数学的“讨论”中，几个同事告诉我，如果我提出考虑一个这样的问题，最好是给它贴上一个标签，或者给它取一个名字。确切地说，这个标签或名字将作为一个框架（根据他们的说法），以便无论谁读到这个标签和名字时，都知道可以使用一些工具来解决这类问题。否则，他们认为几乎没有人能解决这类问题。

我拒绝这么做。拒绝的理由是我不仅觉得这么做没必要，而且我还会犯一个老师和学生通常都会犯的错误。当然，老师在讲解“特定类型”的问题时，学生也会要求老师向他们做解释。其实不是这样的，这种“特定类型”的问题并不存在，因为生活中本就不存在“特定类型”的问题，只存在问题本身。

因此，我需要你帮个忙，有了你的帮助，解决这个问题就只需要投入最少的精力。这个问题很有趣，也很有娱乐性。是的，你需要时间考虑这个问题。如果你现在没有时间，那就留到下一次去解决，但不要放弃，至少给自己一个机会，看看这到底是怎么回事。我们一起来看一下。

一个俱乐部有 28 名会员。俱乐部会长决定使用俱乐部的一个大厅在星期六晚上组织一场活动。这些会员的喜好非常多样化，他们当中一些人喜欢看电影，一些人喜欢玩骰子，还有一些人喜欢打牌。

于是，会长准备了三张卡片——C 卡（代表打牌）、D 卡（代表玩骰子）和 P 卡（代表看电影），每个会员都可以根据自己的喜好在任何一张卡片上登记自己的名字，甚至可以同时在两张或三张卡片上登记。

会长得到如下结果：

1. 有 14 个人报名打牌。
2. 有 19 个人报名玩骰子。
3. 有 16 个人报名看电影。

其中，有很多人在这三张卡片中的两张上同时登记了名字。

4. 有 13 名会员选择了打牌和玩骰子。
5. 有 7 名会员选择了玩骰子和看电影。
6. 有 5 名会员选择了看电影和打牌。

如果你是这个俱乐部的会长，当看到这些数据时，你能推测出是否有会员在三张卡片上都登记了名字吗？有多少人呢？

现在轮到你了。我建议你不要试图“回忆”自己曾经学过的任何知识，你只须思考就可以了。

当然，解决这个问题的方法很多，但我想通过一些图形来帮助你思考并解决这个问题。跟着我一起来看看吧。

每位会员都可以在三张卡片 C，D 和 P 中至少选择一张，并写上自己的名字，这取决于他们是喜欢打牌、玩骰子还是看电影。

现在，我们来绘制一些图，这样就更容易思考了。我并没有绘制表格，而是画了三个圆；我也没有使用会员的名字，而是将他们的名字换成了“小黑点”，如图 39–1 所示。由于最终的目的是确定三张卡片上同时出现了多少个名字，所以我们要将三个圆相交（图 39–2），并计算三个圆相交的区域中有多少个小黑点，我把字母“x”放在了那里（图 39–3）。

如果你把这些圆成对地相交，就会得到图 39–4。“相交处”显示的是同时出现在三组卡片 C 和 P，P 和 D 及 D 和 C 上的人数。

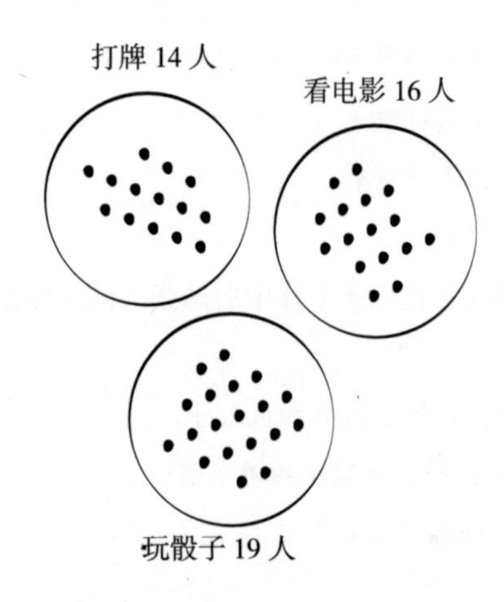

图 39–1　用圆和小黑点表示的三种喜好的会员

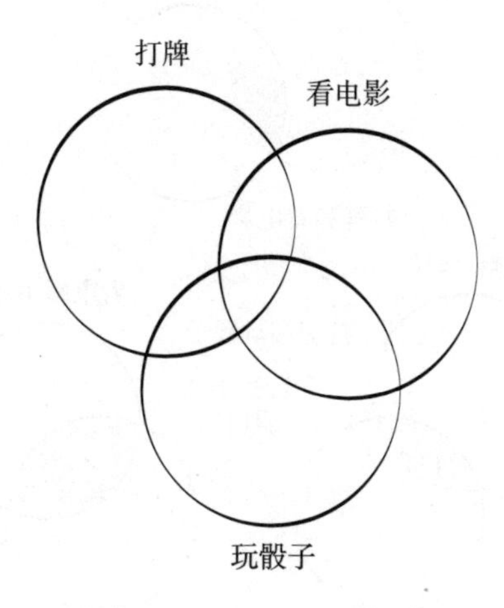

图 39-2　将三个圆相交

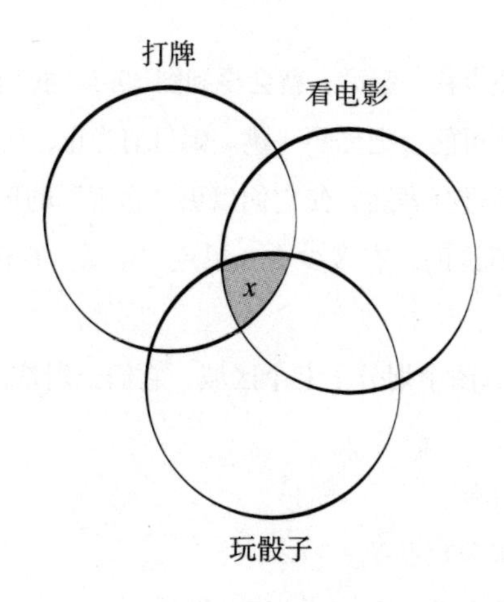

图 39-3　计算三个圆相交区域的人数

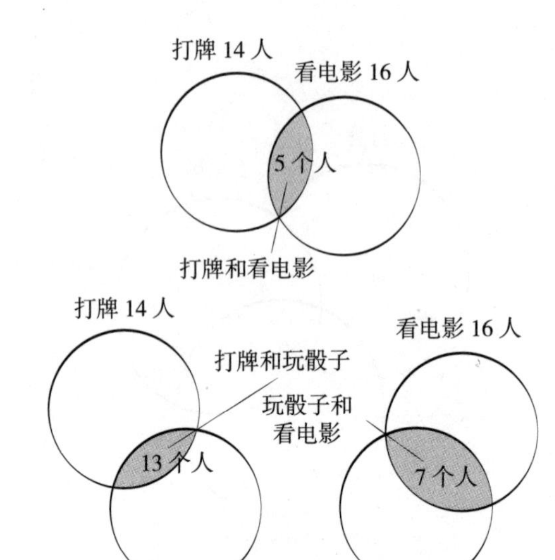

图 39–4　将圆成对地相交

把所有信息整合在一起后，就会得到图 39–5。我担心这会变成一个猜字谜游戏，最终可能会把你吓一跳。到目前为止，我所做的只是将我们已知的信息重新进行表述，使它们以更“直观”的形式呈现出来。

正如我之前所说的，有多少个小黑点“生活”在标有“*x*”的区域里呢?

再看图 39–5，图中划分了七个区域，它们分别是:

第一区：只打牌。

第二区：打牌和玩骰子。

第三区：打牌和看电影。

第四区：只看电影。

第五区：看电影和玩骰子。

第六区：只玩骰子。

第七区：x，也就是我们要确定的有多少个小黑点的区域。

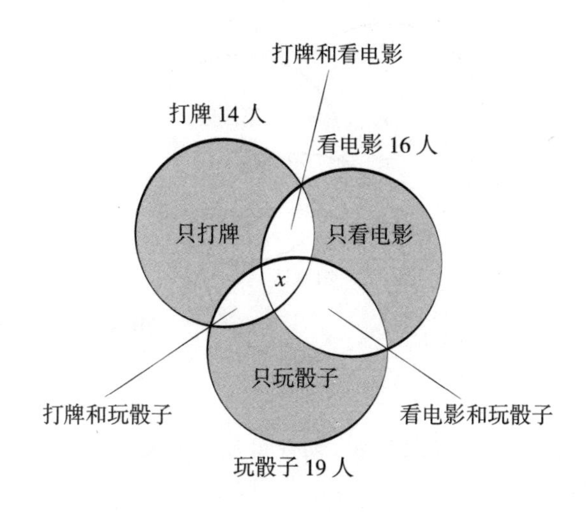

图 39–5　把所有的信息整合

以上这些信息都可以在图 39–6 中展示出来。我们要计算一下每个区域有多少个小黑点。

我们先从第二区开始。有多少人会出现在第二区呢？你尝试思考一下，就会明白我为什么在此处提出这个问题。有 13 名会员分别把名字写在了卡片 C 和卡片 D 上。因此，我们必须用 13 减 x。为什么？因为我想计算仅出现在 C 和 D 两张卡片上的人数，而不是计算也出现在卡片 P 上的人数，所以必须减去 x。

因此，第二区由（$13-x$）人组成。

按照同样的思路，第三区是由在卡片 C 和卡片 P 上填写了名字的人组成，但不包括在卡片 D 上填写了名字的会员。根据已知信息，有 5 名会员在卡片 C 和卡片 P 上做了登记。由于我想把在卡片 D 上登记了名字的人排除在外，所以必须再次减去 x。

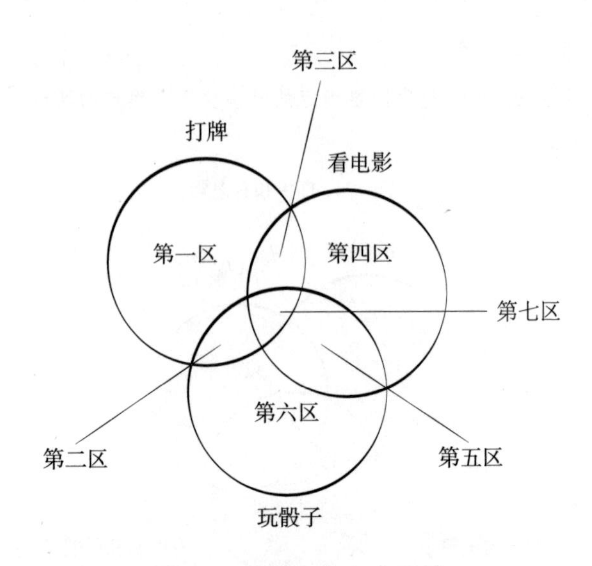

图 39–6　划分出七个区域

因此，第三区由（$5-x$）人组成。

同样地，我们计算一下第五区的会员总数。在调查中，有 7 个人的名字在卡片 D 和卡片 P 上登记。由于我想排除那些也在卡片 C 上登记的会员，所以再减去 x。

因此，第五区由（$7-x$）人组成。

总结以上分析，得出图 39–7。

现在已经非常接近答案了。接下来我们要做的是计算第一区、第四区和第六区有多少会员。这些区域的人对应各自选择的那一张卡片。

我们从第一区开始，如图 39–8 所示。想打牌的总共有 14 个人。接下来要排除阴影区域中的人，剩下的就是那些只想打牌的人，他们组成了第一区。即

$$(13-x)+x+(5-x)=18-x$$

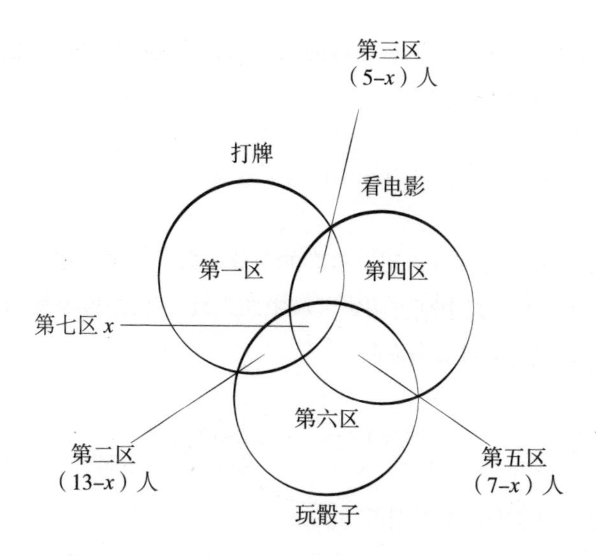

图 39–7　第二区、第三区和第五区的人数

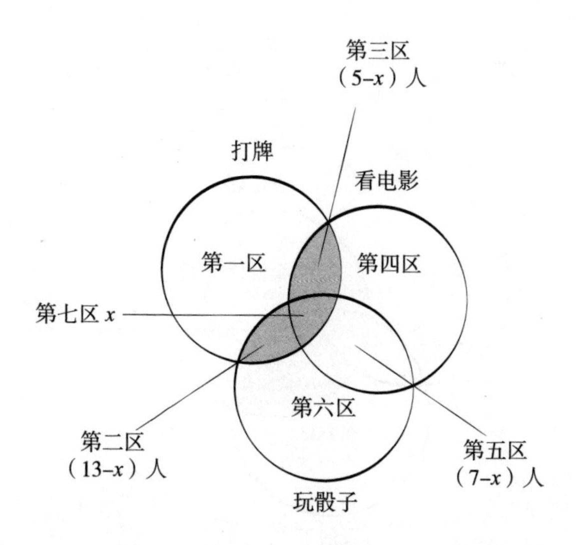

图 39–8　从报名打牌的总人数中减去阴影区域的人数

上面计算出来的是阴影区域的人数，然后从报名打牌的总人数中减去阴影区域的人数：

$$14-(18-x)=x-4$$

为了计算出第四区只想看电影的会员人数，必须从在卡片 P 上登记了名字的 16 个人中减去阴影区域中的人数，如图 39–9 所示。阴影区域的人数是这样计算出来的：

$$(5-x)+x+(7-x)=12-x$$

那么，第四区人数的计算方式是：

$$16-(12-x)=4+x$$

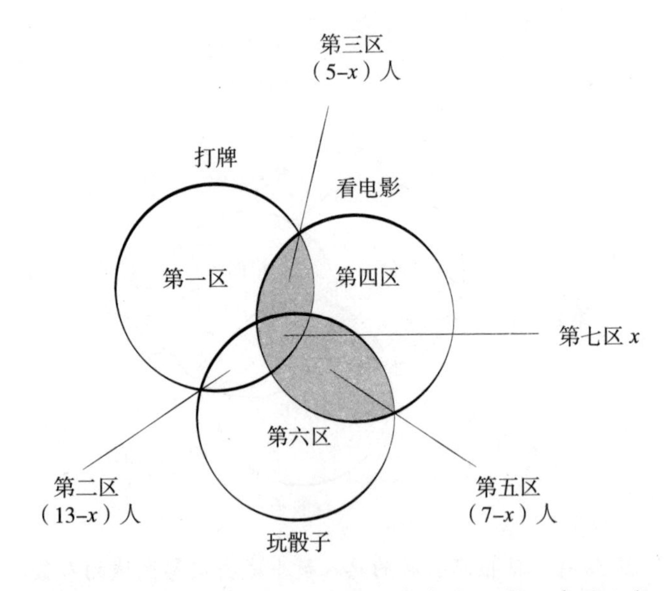

图 39–9　从报名看电影的总人数中减去阴影区域的人数

最后，从报名玩骰子的 19 人中减去阴影区域的人数，就得到了第六区的人数，如图 39–10 所示。阴影区域的人数通过以下方式计算得出：

$$(13-x)+x+(7-x)=20-x$$

因此，第六区人数的计算如下：

$$19-(20-x)=x-1$$

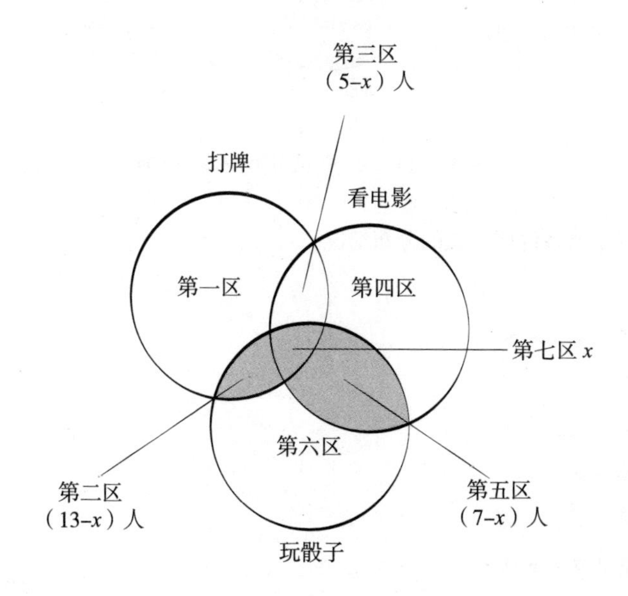

图 39−10 从报名玩骰子的总人数中减去阴影区域的人数

我们即将进入最后一步。如图 39–11 所示，这里有我们需要的所有数据。

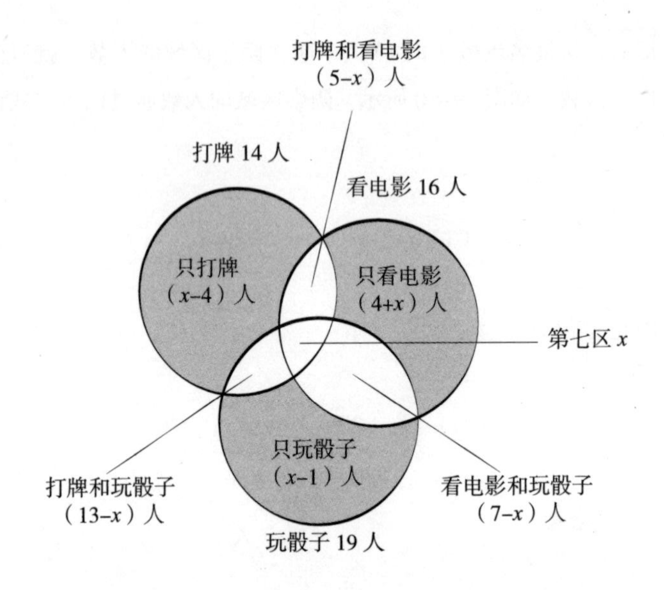

图 39-11　每个区域的人数分布

以下是各区域人数的分布情况：

第一区：$x-4$
第二区：$13-x$
第三区：$5-x$
第四区：$4+x$
第五区：$7-x$
第六区：$x-1$
第七区：x

将每个区域的人数相加：

$$(x-4)+(13-x)+(5-x)+(4+x)+(7-x)+(x-1)+x=$$

$$24+x=28$$

为什么我们得到的是 28？因为一开始题目就告诉我们会员的总人数是 28。这是到目前为止我们还没有使用到的数据。因此，我们现在可以算出来“x”了。

这个问题的最终答案是 4，即

$$24+x=28$$

$$x=4$$

最后的思考

这条推算之路似乎很漫长，也许是这样，但我深信，任何理性的人都可以看明白整个论证的过程，甚至有更多的人能够自己推算出来。当在没有激励因素来作为点燃我们好奇心的引擎时，我们会有足够的耐心完成这样一项任务吗？很可能没有。令我感到满意的是，在某个地方，至少有一位正在阅读本书的读者做出了努力，并解答了这个问题。

啊！我的同事想让我贴上的标签是：这种“特定类型”的问题一般来说是用集合论特别是维恩图提供的一些思路来解决的。集合论和维恩图是什么？这是我暂时欠你们的！我认为把这些问题留给你去查证会更有乐趣。

第 40 章　生日：一个美妙的故事

《你好，新加坡》是新加坡最受欢迎的早间广播节目之一。2015 年，该节目的主播江坚文在他的脸书账号上发布了一个帖子，引起了网友的热议。

帖子的内容是小学五年级的一道数学题。其实，这道数学题不仅仅是为小学五年级学生而出的，更是面向所有人。当我说所有人的时候，我指的就是世界上的每个人。大家都试图用不同的方法成功地给出这个问题的答案，并且在寻找解题思路的同时，还可以明确一点，那就是做这件事情的意义超乎每一个人的想象。

这道数学题的不同版本出现在世界大多数报社的报纸上，并被很多广播和电视节目转载，更不用说出现在社交平台和互联网上了。当然，这道数学题也出现在了阿根廷，与其他国家一样，被改编成了多个版本。2015 年，我在南美洲出版的《侦探》一书中提到过它。此外，它还出现在阿根廷《第十二页报》的某一期的最后一页。[①]

2017 年，这个问题出现了另一个版本，它更复杂一些，但最终解答它使用了与原版本相同的原理。这个问题是这样的：

---

① 参见网站 http://www.pagina12.com.ar/diario/contratapa/13-270871-2015-04-19. html。

安德里亚、比阿特丽斯和卡洛斯三个人是好朋友。有一天，他们在一个俱乐部打网球，由于他们需要第四个人加入进行双打比赛，所以他们把迪莉娅找来。就这样，迪莉娅成了他们三个人的新朋友。两天后，他们想知道迪莉娅的生日，而且是确切的日期：某年、某月、某日。

由于这四个人都对逻辑问题感兴趣，迪莉娅就递给了其他三个人一张列有 20 个可能是自己出生日期的日期表，其中有且只有一个日期是她自己的出生日期。下面就是迪莉娅给其他三个人的日期表：

2001 年 2 月 17 日	2002 年 3 月 16 日	2003 年 1 月 13 日	2004 年 1 月 19 日
2001 年 3 月 13 日	2002 年 4 月 15 日	2003 年 2 月 16 日	2004 年 2 月 18 日
2001 年 4 月 13 日	2002 年 5 月 14 日	2003 年 3 月 14 日	2004 年 5 月 19 日
2001 年 5 月 15 日	2002 年 6 月 12 日	2003 年 4 月 11 日	2004 年 7 月 14 日
2001 年 6 月 17 日	2002 年 8 月 16 日	2003 年 7 月 16 日	2004 年 8 月 18 日

看看接下来发生了什么。迪莉娅并没有直接让他们三个人猜测她自己的出生日期，而是分别给了每个人一条信息：

1. 她告诉了安德里亚自己出生的月份。
2. 她告诉了比阿特丽斯自己出生在哪一天。
3. 她告诉了卡洛斯自己出生的年份。

他们三个人听完迪莉娅给的信息后，进行了以下对话（我请你注意这一点，因为看过这些信息后，你将会获取推断迪莉娅出生日期所需的所有信息）：

安德里亚："我不知道迪莉娅是什么时候出生的，但我知道比阿特丽斯也不知道迪莉娅的出生日期。"

比阿特丽斯："我也不知道迪莉娅的出生日期，但我知道卡洛斯也不知道。"

卡洛斯："我不知道迪莉娅的出生日期，但我知道安德里亚也不知道。"

安德里亚："我知道迪莉娅是什么时候出生的了。"

比阿特丽斯："我也知道迪莉娅是什么时候出生的了。"

卡洛斯："我也知道迪莉娅的生日了。"

问题：请推断出迪莉娅的出生日期。

解答

正如我之前所说的，解决原始问题所需的逻辑和思路，与现在可以或可能使用的逻辑和思路相同。仔细推敲他们三个人的对话，会发现每句话都提供了一个关键信息，能够帮助我们从列表中排除一些日期。我们来逐字逐句地推理：

安德里亚说自己不知道迪莉娅是什么时候出生的，但知道比阿特丽斯也不知道迪莉娅的出生日期。由于安德里亚只知道迪莉娅的出生月份，所以很明显她不能单纯地从这些信息中得知迪莉娅的出生日期。但是，为什么安德里亚说自己知道比阿特丽斯也不能推断出迪莉娅的出生日期？

如果你看一下日期表，就会发现11日和12日是唯一出现了一次的日期。如果迪莉娅告诉比阿特丽斯的数字是11或12，那么比阿特丽斯就会立即知道迪莉娅的出生日期。安德里亚说比阿特丽斯也不知道迪莉娅的出生日期，那么她确信迪莉娅没有告诉比阿特丽斯这些数字。她怎么如此肯定呢？请注意，数字11出现在2003年4月11日这一天，数字 12 出现在 2002 年 6 月 12 日这一天。安德里亚曾说过比阿特丽斯也不知道迪莉娅的出生日期。那么，迪莉娅告诉安德里亚的月份既不是 4 月也不是 6 月。

利用这些数据，我们还能做什么呢？不仅 2003 年 4 月 11 日和 2002 年 6 月 12 日这两个日期可以被排除，而且所有包含 4 月或 6 月的日期也可以被排除。因此，我们可以排除迪莉娅所给表中的 5 个日期。现在的日期表如下所示：

2001 年 2 月 17 日	2002 年 3 月 16 日	2003 年 1 月 13 日	2004 年 1 月 19 日
2001 年 3 月 13 日	~~2002 年 4 月 15 日~~	2003 年 2 月 16 日	2004 年 2 月 18 日
~~2001 年 4 月 13 日~~	2002 年 5 月 14 日	2003 年 3 月 14 日	2004 年 5 月 19 日
2001 年 5 月 15 日	~~2002 年 6 月 12 日~~	~~2003 年 4 月 11 日~~	2004 年 7 月 14 日
~~2001 年 6 月 17 日~~	2002 年 8 月 16 日	2003 年 7 月 16 日	2004 年 8 月 18 日

现在，我们来看看第二句对话，也就是比阿特丽斯说的那句话：“我也不知道迪莉娅的出生日期，但我知道卡洛斯也不知道。”思考一下，从这句话中能得出什么结论呢？比阿特丽斯听到的只是一个数字，如果这个数字只出现了一次，她就能推断出迪莉娅的出生日期，既然她说自己不知道迪莉娅的出生日期，就证明她听到的数字出现了不止一次。

我们继续分析并排除剩下那些含有只出现了一次的数字的日期：17 只出现了一次，15 只出现了一次。其他的数字至少出现了两次。那么，我们就能排除 2001 年 2 月 17 日和 2001 年 5 月 15 日。现在的日期表是这样的：

~~2001年2月17日~~	2002年3月16日	2003年1月13日	2004年1月19日
2001年3月13日	~~2002年4月15日~~	2003年2月16日	2004年2月18日
~~2001年4月13日~~	2002年5月14日	2003年3月14日	2004年5月19日
~~2001年5月15日~~	~~2002年6月12日~~	~~2003年4月11日~~	2004年7月14日
~~2001年6月17日~~	2002年8月16日	2003年7月16日	2004年8月18日

现在，我们还没有分析比阿特丽斯这句话的后半部分。她还说，卡洛斯也不知道迪莉娅的出生日期。为什么比阿特丽斯能做出这样的判断呢？我们知道，比阿特丽斯知道卡洛斯知道迪莉娅的出生年份，那么剩下的日期中哪一年是唯一出现了一次的年份，并且会给卡洛斯提供所缺的信息？是2001年。

比阿特丽斯是怎么知道卡洛斯没有听到2001年这个年份的呢？因为比阿特丽斯听到的日期不是13日。如果她听到了13日这个日期，卡洛斯就很可能知道迪莉娅出生的年份是2001年；如果比阿特丽斯没有听到13日这个日期，那么她可以肯定卡洛斯不知道迪莉娅的出生日期。

由此，我们可以推断出比阿特丽斯听到的日期不是13日。所以，我们可以排除所有包含13日的日期：2001年3月13日和2003年1月13日。现在的日期表是这样的：

~~2001年2月17日~~	2002年3月16日	~~2003年1月13日~~	2004年1月19日
~~2001年3月13日~~	~~2002年4月15日~~	2003年2月16日	2004年2月18日
~~2001年4月13日~~	2002年5月14日	2003年3月14日	2004年5月19日
~~2001年5月15日~~	~~2002年6月12日~~	~~2003年4月11日~~	2004年7月14日
~~2001年6月17日~~	2002年8月16日	2003年7月16日	2004年8月18日

现在我们来看看对话的第三句。卡洛斯说，他不知道迪莉娅是什么时候出生的，但他知道安德里亚也不知道。你想继续推理下去吗？为什么不呢？我想这个思路已经很清晰。我正在做的事情是利用从每段对话中推断出来的信息一步一步地排除不符合条件的日期。

我继续往下说。

从卡洛斯说自己不知道迪莉娅的出生日期这一事实中，我们不能推断出任何新信息，至少不能从他的这部分对话中推断出任何新信息。但他还说，他知道安德里亚也不知道迪莉娅的出生日期。卡洛斯只听到了迪莉娅的出生年份，他怎么能确定安德里亚不知道迪莉娅的出生日期呢？

我提醒你，安德里亚只听到了出生月份。在剩下的 11 个日期中，要发生什么情况才能让安德里亚不能搞清楚迪莉娅具体的出生日期呢？只能发生在安德里亚没有听到剩下的 11 个日期中只出现过一次的月份的情况下。存在这种可能性吗？观察日期列表，我们会发现剩下的日期中唯一出现过一次的月份是 1 月。因此，通过卡洛斯说安德里亚不知道迪莉娅的出生日期这个信息，我们可以推断出卡洛斯没有听到的年份是 2004 年。

因此，我们排除包含 2004 年这个年份的日期。看表格最后一列，我们可以排除出现在那里的 5 个日期。现在的日期表是这样的：

~~2001 年 2 月 17 日~~	2002 年 3 月 16 日	~~2003 年 1 月 13 日~~	~~2004 年 1 月 19 日~~
~~2001 年 3 月 13 日~~	~~2002 年 4 月 15 日~~	2003 年 2 月 16 日	~~2004 年 2 月 18 日~~
~~2001 年 4 月 13 日~~	2002 年 5 月 14 日	2003 年 3 月 14 日	~~2004 年 5 月 19 日~~
~~2001 年 5 月 15 日~~	~~2002 年 6 月 12 日~~	~~2003 年 4 月 11 日~~	~~2004 年 7 月 14 日~~
~~2001 年 6 月 17 日~~	2002 年 8 月 16 日	2003 年 7 月 16 日	~~2004 年 8 月 18 日~~

你已经看到，现在只剩下 6 个可选的日期。我们继续对他们的对话进行分析。

安德里亚说："我知道迪莉娅是什么时候出生的了。"什么信息会让她这么说？安德里亚只听到了月份，如果她说自己现在知道了出生日期的话，那么在剩下的 6 个日期中，她一定听到的是只出现了一次的月份。

看一下上面只剩下 6 个日期的表，从中你能推断出什么？除了 3 月，其他月份都只出现了一次。因此，如果安德里亚说自己现在知道了迪莉娅的出生日期，那么她听到的月份就不是 3 月。我们可以排除 2002 年 3 月 16 日和 2003 年 3 月 14 日。现在就只剩下 4 种可能性：

~~2001 年 2 月 17 日~~	~~2002 年 3 月 16 日~~	~~2003 年 1 月 13 日~~	~~2004 年 1 月 19 日~~
~~2001 年 3 月 13 日~~	~~2002 年 4 月 15 日~~	2003 年 2 月 16 日	~~2004 年 2 月 18 日~~
~~2001 年 4 月 13 日~~	2002 年 5 月 14 日	~~2003 年 3 月 14 日~~	~~2004 年 5 月 19 日~~
~~2001 年 5 月 15 日~~	~~2002 年 6 月 12 日~~	~~2003 年 4 月 11 日~~	~~2004 年 7 月 14 日~~
~~2001 年 6 月 17 日~~	2002 年 8 月 16 日	2003 年 7 月 16 日	~~2004 年 8 月 18 日~~

对话的第五句是从比阿特丽斯口中说出的，她说自己知道迪莉娅的出生日期了。如果她知道了迪莉娅出生在哪一天，那么她听到的数字必须只出现了一次。是哪个数字呢？就是数字 14。

因此，在最后这 4 个可能的日期中，我们可以排除 2002 年 8 月 16 日、2003 年 2 月 16 日和 2003 年 7 月 16 日。

~~2001 年 2 月 17 日~~	~~2002 年 3 月 16 日~~	~~2003 年 1 月 13 日~~	~~2004 年 1 月 19 日~~
~~2001 年 3 月 13 日~~	~~2002 年 4 月 15 日~~	~~2003 年 2 月 16 日~~	~~2004 年 2 月 18 日~~
~~2001 年 4 月 13 日~~	2002 年 5 月 14 日	~~2003 年 3 月 14 日~~	~~2004 年 5 月 19 日~~
~~2001 年 5 月 15 日~~	~~2002 年 6 月 12 日~~	~~2003 年 4 月 11 日~~	~~2004 年 7 月 14 日~~
~~2001 年 6 月 17 日~~	~~2002 年 8 月 16 日~~	~~2003 年 7 月 16 日~~	~~2004 年 8 月 18 日~~

最后，当卡洛斯说，他也知道迪莉娅的出生日期了，唯一的选择就是2002年5月14日。这就是迪莉娅的出生日期。通过这样逐句分析，我们已经排除了 20 个日期中的 19 个，并且找到了迪莉娅具体的出生日期。

未完待续……

第 41 章　约翰·康威[①]一个不同寻常的问题

塔尼娅·霍瓦诺娃描述了一个问题。你花一些时间了解一下，就会发现这个问题是多么有趣、多么有娱乐性、多么有价值。这真的是一个挑战。我给你讲述一下吧。

2009 年，塔尼娅·霍瓦诺娃在某专栏中发表了一篇以“数学中的宝石和奇观”为题的文章，讲述了约翰·康威寄给她的一个数学问题。当我读到这篇文章时，我不明白为什么塔尼娅会如此兴奋。这个问题简单、有趣，她在这篇文章里写道：“在这个专栏中，你会发现数学中的奇珍异宝，它们非常具有吸引力，在读者中广为流传，因为它们是如此优雅，充满惊喜且引人注目，以至于我们都争相传看，一睹为快。”

当然，我也被这个数学问题深深地吸引，开始带着问题阅读了这篇文章。文章中是这样说的：

① 米尔恰·皮蒂奇（编辑），《2014 年最佳数学著作》，可在这两个网站上查到：https://docslide.com.br/documents/conwayas-wizards.html 和 https://vdocuments.site/conwayas-wizards.html。

昨晚，我乘坐了一辆公交车，我后面坐着巫师甲和巫师乙。以下是我听到的部分对话：

巫师甲："我有好几个孩子。如果我把他们的年龄相加，刚好就是这辆公交车的线路号。如果我把他们的年龄相乘，就会得出我的年龄。"

巫师乙："真有趣！如果你能告诉我你的年龄和你有多少个孩子，也许我就可以推断出你每个孩子的年龄。你觉得呢？"

巫师甲："我觉得不能，你看，即使我告诉你我的年龄和我有多少个孩子，也不足以让你推断出我每个孩子的年龄。"

巫师乙："啊！不过，通过你刚才告诉我的这些，我现在已经知道你的年龄了。"

现在，通过以上信息，你可以推断出这辆公交车的线路号吗？

塔尼娅最初感到很惊讶，因为她坚持认为从上述对话中不能得到解决这一问题所需的数据。当然，这样的数学问题也远比她最初想象的更有趣。她补充说："当有人说他已经解决了这个问题时，我不太确定他是否真的已经解决了，或者说我不确定他们是否已经完全解决了。"这就是为什么我对康威表现出"怀疑"的态度并不感到惊讶。就在他把问题寄给我的第二天，我便告诉了他公交车的线路号是多少。

依照塔尼娅提供给我们的数据，我们假设：

a 为巫师甲的年龄。

b 为公交车的线路号。

c 为巫师甲孩子的数量。

我们来尝试进行一些分析。很明显，如果不做一些尝试，或者说"犯错"，我们就不能找到解决问题的方案。

解答

我根据实际情况选择了一个比较合理的数字 5。我假设 b=5，也就是说他们乘坐的是 5 路公交车。你要知道，这只是一个假设。我想看看我们能否凭直觉找到切入口，以便找到解决问题的方案。

如果 b=5，就意味着巫师甲的孩子们的年龄之和是 5。孩子们的年龄之和是多少，是否取决于巫师甲有多少个孩子？我为什么要问这个问题呢？在这里，请你跟我一起来看一下这些不同的情况。

我会根据我们的假设列出巫师甲[①]的孩子们可能的年龄情况，并根据不同的情况相应地推断出巫师甲可能的年龄和他的孩子可能的人数。

（1）1，1，1，1 和 1。如果是这样，巫师甲就有 5 个孩子，每个孩子都是 1 岁。5 个孩子年龄的和（结果是 5）就是公交车的线路号 b，他们年龄的乘积是 1（因为是 5 个 1 相乘）。所以，巫师甲的年龄 a=1，巫师甲孩子的人数 c=5。

（2）1，1，1 和 2。也就是说，巫师甲有 4 个孩子，其中 3 个孩子是 1 岁，一个孩子是 2 岁。巫师甲的年龄由这 4 个孩子的年龄相乘而得到，即 1×1×1×2=2。因此，巫师甲的年龄 a=2，巫师甲孩子的人数 c=4。

（3）1，1 和 3。在这种情况下，巫师甲有 3 个孩子，其中两个孩子是 1 岁，一个孩子是 3 岁。也就是说，巫师甲的年龄 a=3，巫师甲孩子的人数 c=3。

（4）1，2 和 2。在这种情况下，巫师甲有 3 个孩子，其中一个孩子是 1 岁，两个孩子是 2 岁。因此，巫师甲的年龄 a=4，巫师甲孩子

---

① 出于讨论的目的，我们要先淡化（或完全忽略）有人会在 5 岁时生孩子这种不可能存在的情况，更不用说父母和孩子同龄了。这就是为什么我对你说：我来做一个假设。

的人数 $c=3$。

（5）1 和 4。现在巫师甲有 2 个孩子，年龄分别为 1 岁和 4 岁。所以，巫师甲的年龄 $a=4$，巫师甲孩子的人数 $c=2$。

（6）5。即巫师甲只有一个 5 岁的孩子，因此巫师甲也是 5 岁（因为只有这一个数字）。所以，巫师甲的年龄 $a=5$，巫师甲孩子的人数 $c=1$。

在假设是 5 路公交车的情况下，我们列出了所有可能的情况。注意，如果巫师甲的年龄（a）是 1 岁、2 岁、3 岁或 5 岁，通过其年龄，我们就可以推断出他有多少个孩子，以及他们的年龄分别是多大。我们唯一无法确定的是如果巫师甲的年龄是 4 岁，他孩子的人数及每个孩子的年龄分别是多大，因为它可能会出现在（4）和（5）这两种情况中。

附言

除了巫师甲是 4 岁的情况，在其他所有情况下，我们都可以推断出巫师甲有多少个孩子及每个孩子的年龄分别是多大。也就是说，在这种情况下，如果我们知道巫师甲的年龄和他孩子的人数，就可以确定每个孩子的年龄。①

如果是这样，巫师甲也就不会回答“不能，你看，即使我告诉你我的年龄和我有多少个孩子，也不足以让你推断出我每个孩子的年龄”了。而且巫师乙也无法精确地推断出巫师甲的年龄，因为除了在两种不同的情况下巫师甲都是 4 岁外，巫师甲的年龄还可能是 1 岁、2 岁、3 岁或 5 岁。你也可以思考一下。

根据上述推断，我们得出公交车的线路号不可能是 5。换句话说，

---

① 在这里，我们假设没有 0 岁的孩子。这个信息是卡洛斯·德安德里亚提供给我的，我觉得他说得有道理。

如果你用小于 5 的数字 1，2，3 或 4 做同样的思考，就会发现这 4 个数字都不可能是公交车线路号。也就是说，公交车线路号必须是一个大于 5 的数字。

那么，是哪个数字呢？我们该如何把这个数字推算出来？

解决这个问题的一个方法是，从大于 5 的自然数开始，一个接一个地尝试。我们将继续用 6 和 7 等数字进行验证，直到找到那个可以作为这辆公交车线路号的数字，并通过这个“小小的数字”，推断出其他缺失的数据。真的可以做到吗？

当然，虽然我还没有明确地讲出来，但是你可以先算一下，然后再继续阅读。我选择了数字 5 作为公交车可能的线路号，并因此得出了一些结论，你也可以选择你喜欢的数字开始分析。

你可以从 6 开始，一个数字一个数字地尝试分析。但我不想一个一个地尝试，而是选择另一个思路。我要分析一下，如果公交车线路号是 21，会有怎样的结果。我们一起来思考一下。

选择 21 这个数字，会带来哪些可能的结果呢？首先，这说明巫师甲所有孩子的年龄相加是 21。这可以有多少种不同的情况？也就是说，用多少种方式相加可以得到 21？

比如，巫师甲可能已经 96 岁了。为什么？如果巫师甲有 3 个孩子，他们的年龄分别为 1 岁、8 岁和 12 岁，那么他们的年龄之和为 21（这是公交车的线路号），他们年龄的乘积 96 是巫师甲的年龄。那么，是否还有孩子数量和巫师年龄的其他组合呢？

答案是肯定的。当然，还有一种方法，即巫师甲可能有 3 个孩子，他们的年龄分别是 2 岁、3 岁和 16 岁。这里有个非常重要的问题：通过这些数据，巫师乙能推断出巫师甲的年龄是 96 岁吗？

有趣的是，答案是否定的，他不能推断出来。为什么呢？因为依据 21 这个数字，巫师乙可以推断出巫师甲的年龄是 240 岁，有 3 个孩子，分别是 4 岁、5 岁和 12 岁，或者是 3 岁、8 岁和 10 岁。因此，假设公交车线路号为 21 行不通，因为巫师乙据此无法推断出巫师甲的年龄——他不能确定甲是 96 岁还是 240 岁。

那么，如果公交车线路号不是 21 而是 22，会怎么样？

在这一点上，我请你注意，与其继续做更多的计算，我建议不如做一些“分析”，以此来排除更多的情况。

请记住我们刚刚为得出数字 21 所做的分析。现在我们继续讨论公交车线路号为 22 的情况。在这种情况下，巫师甲的年龄将再次变得模糊不清。为什么？

1. 巫师甲可能是 96 岁，有 4 个孩子，年龄分别是 1 岁、1 岁、8 岁和 12 岁，或者是 1 岁、2 岁、3 岁和 16 岁。

2. 我们还可以认为巫师甲是 240 岁，有 4 个孩子，[①] 年龄分别是 1 岁、4 岁、5 岁和 12 岁，或者是 1 岁、3 岁、8 岁和 10 岁。

你注意到我刚刚做了什么吗？我把公交车线路号增加 1（从 21 号增加到 22 号）。

---

① 我想在此强调公交车线路号为 21 和 22 的情况。我们来比较一下。在公交车线路号为 21 的情况下，巫师甲可能是 96 岁，有 3 个孩子，年龄分别为 1 岁、8 岁和 12 岁，或者是 2 岁、3 岁和 16 岁。在公交车线路号为 22 的情况下，巫师甲也可能是 96 岁，有 4 个孩子，年龄分别为 1 岁、1 岁、8 岁和 12 岁，或者是 1 岁、2 岁、3 岁和 16 岁。看一下这一连串数字，你会注意到在公交车线路号为 21 的情况下的 3 个年龄 1 岁、8 岁和 12 岁变成了公交车线路号为 22 的情况下的 1 岁、1 岁、8 岁和 12 岁，以及另外 3 个年龄 2 岁、3 岁和 16 岁变成了 1 岁、2 岁、3 岁和 16 岁。也就是说，这几种情况本质上是一样的，不同的是多了一个孩子，因此巫师甲的年龄不会增加。在公交车线路号为 21 和 22 的情况下，巫师甲还有可能是 240 岁。在公交车线路号为 21 的情况下，巫师甲有 3 个孩子，年龄分别为 4 岁、5 岁和 12 岁，或者是 3 岁、8 岁和 10 岁；在公交车线路号为 22 的情况下，巫师甲有 4 个孩子，年龄为 1 岁、4 岁、5 岁和 12 岁，或者是 1 岁、3 岁、8 岁和 10 岁，跟之前的变化一样。

此外，我还可以增加一个孩子。但是，由于新增加的这个孩子只有 1 岁，所以从整体上来说不会影响所有孩子年龄数相乘得到的结果，因此，与之前的情况（公交车的线路号是 21 而不是 22）相比，并不会改变巫师甲的年龄。也就是说，现在多了一个孩子，他们的年龄之和增加了 1，但乘积保持不变。

这就是我想说的——如果在根据公交车线路号 b 推断巫师甲的年龄时出现了模棱两可的情况（如出现 96 岁或 240 岁两种情况），那么在公交车线路号为 $b+1$ 时也会出现同样的情况。

也就是说，阻止 b 成为公交车线路号的因素（如上文提到的，出现 96 岁或 240 岁两种情况），被转移到了 $b+1$ 的情况中。值得注意的是，对 b 不起作用的因素，现在对 $b+1$ 也不起作用。如果根据公交车线路号 b 推断巫师甲的年龄时有两种可能性，那么这两种可能的年龄也同样适用于公交车线路号为 $b+1$ 的情况。这就是从 21 开始就不用再继续往后推算的原因。因此，采用数字 21 和 22 去推算行不通，而且通过上述论证，我们可以知道采用任何大于 21 的自然数去推算都行不通。

与之前不同的是，现在问题已经转化为从有限的数字中筛选。我们所要做的是去验证公交车线路号大于 5 且小于 21 时，问题是否有答案。

你可以在这个范围内逐个进行排查，直到最后得出结论。同时我写下最终答案：公交车线路号必须是 12。因为只有当公交车线路号为 12 的时候，我们可以推断出巫师甲孩子的年龄会出现两种情况，分别是 2 岁、2 岁、2 岁和 6 岁，1 岁、3 岁、4 岁和 4 岁。无论是哪种情况，孩子们年龄的乘积都是 48，也就是说，巫师甲的年龄只会是 48 岁。因此，我们通过公交车的线路号和那些不能确定年龄的孩子数，可以推断出巫师甲的年龄只能是 48 岁。

附言

要找到答案，需要分析以下两种情况。

1. 可以验证一下，如果公交车线路号小于 12，那么巫师甲不会对巫师乙说“即使我告诉你我的年龄和我有多少个孩子，也不足以让你推断出我每个孩子的年龄”。

2. 可以验证一下，如果公交车线路号大于 12，那么巫师乙就不能确定巫师甲的年龄。

我建议你自行分析第一种情况。

关于第二种情况，我们一起来看看，如果公交车线路号是 13（或大于 13），会发生什么。我们可以重现本章开头两个人的对话所涉及的内容。假设：

1. 公交车线路号是 13。
2. 巫师甲的年龄是 48 岁。
3. 巫师甲有 5 个孩子。

在这种情况下，巫师甲的孩子可能是以下 5 个年龄：

1 岁、2 岁、2 岁、2 岁 和 6 岁

或者他们也可能是以下 5 个年龄：

1 岁、1 岁、3 岁、4 岁 和 4 岁

另外，在同样的对话情境下，也可能发生以下变化：

1. 公交车线路号是 13。
2. 巫师甲的年龄是 36 岁。
3. 巫师甲有 3 个孩子。

在这种情况下，巫师甲的孩子可能是以下 3 个年龄：

2 岁、2 岁和 9 岁

或者也可能分别是以下 3 个年龄：

1 岁、6 岁和 6 岁

正如你看到的，在公交车线路号是 13 的情况下，巫师甲是可以对巫师乙说“不能，你看，即使我告诉你我的年龄和我有多少个孩子，也不足以让你推断出我每个孩子的年龄”。结论是，如果公交车线路号是 13（或大于 13），那么巫师乙就不能精确地推算出巫师甲的年龄。就这样，问题解决了！

第 42 章　毕业旅行

我想提出一个问题供你思考。先别急，我的意思是至少在你尝试阅读本章内容之前“想一想”，你想放弃吗？我很想说关于性、毒品、足球、特朗普、英国脱欧、梅西等内容，但我并没有提这些。我建议你只“尽力”去了解需要解决的问题是什么。这是一个关于制定方案的问题。解决这个问题的方案也是我们应该擅长的技能，不是吗？所以，请给我两分钟时间向你讲述下面的内容，如果你不感兴趣，就忘掉这一切吧。这样，这些内容就会在五分钟内从你的记忆中消失。

假设有一个由 100 个学生组成的团队，你作为老师，负责带他们去巴里洛切进行毕业旅行。大家入住同一家酒店，要在一起待三个星期，并且每个人都住在一个独立的房间里。

父母们能够理解下一代人，所以他们劝说自己的孩子去参加了这个活动。此外，父母也认可这个创意，认为通过这个活动，可以寻找到具有吸引力和富含教育意义的教育方法，同时，他们也认为这是一种可以激发孩子们团队合作精神的课外培养方式。

在酒店里，除了你和学生住的房间外，还有一个新粉刷的空房间。你想确认一下该房间是否可以使用，于是，在获得酒店经理允许后，去房间查看。你看到这个房间的天花板上吊着一盏小灯（灯的开关在房间的墙壁上)。

第一天早晨，在吃早餐的时候，你拿着话筒，向学生们提出一个思考题：

> 上午好。我提议大家做一件事。正如你们所见，现在是早上9点。大约过一个小时后，我会要求大家回到各自的房间并待在那里，不能与外界有任何接触。大家都回到房间后，我会进行如下操作：
>
> 我将随意挑选一个数字，但我不会告诉大家我选的这个数字，选中的这个数字将作为接下来我随意进入所有房间的次数。大家可能会问："那我们该怎么做，或者说需要我们做些什么呢？"请大家耐心一些，大家马上就会知道了。
>
> 当我进入一个房间时，我会要求房间里的人陪我去那个空房间，然后关上门，让他单独待一分钟。在这期间，如果室内的灯是关着的，就要打开它；如果灯是开着的，就把它关掉，或者不进行任何操作，让房间保持他刚进来时的状态。一分钟后，我会打开门，再陪他回到他自己的房间。
>
> 除了和我一起来到空房间的人，其他同学无法看到也不知道外面发生的事情。
>
> 在这个过程中，如果你们中的某个人知道了每个人都已经至少进入过一次空房间，就可以打断这个过程，并对我说："我确信我们都至少进过一次那个空房间。"
>
> 如果没有人阻止，我就会一直重复上述过程。也就是说，我将回去选择另一个数字，再按照选中数字所对应的次数随意进入所有房间。如果一直没有人阻止我，我就会再重复这个过程。
>
> 在我们开始之前，我想让大家单独待一小时（如待到10点

15分），这样大家就可以想出一个办法，以确定每个人至少去过一次那个空房间。虽然我直到现在才说，但我还要强调一下，在开始这个过程时，那个新粉刷的房间里的灯是关着的。

这个问题中没有设“陷阱”，因为房间里没有做任何“标记”，连可以做标记的东西也没有。这是一个纯粹的、诚实的问题。提出这个问题的目的是激励你成为想出解决办法的人。

此外，你在日常生活中很少会碰见这种问题。这一点我毫不怀疑。你可以设想一下，在没有人关注你、评价你和测试你，以及你也不需要向任何人展示自己才能的情况下，你能有多少机会去想出一个方法来解决一个难以想象的问题呢？

可能很少有人遇到这样的情况。此外，这不是一件着急的事，没有时间要求，没有上交答案的时限，没有任何形式的限制。即使你只是单纯地想去尝试一下，这种免费的娱乐游戏最终也能让你感觉很舒服。

现在轮到你了。如果你还没有想好，就先别加入进来。

一个可能的策略

接下来，我想提出一个解决这个问题的方法，我指的是“一个”方法，当然，我相信解题方法肯定还有很多。不管怎样，我要介绍的这个方法是我与卡洛斯·德安德里亚和胡安·萨比亚经多次电子邮件交流和电话沟通后得到的结果。

此外，这是一个很有思考价值的问题，你可以独自或与他人共同思考并得出解决它的方法。但这就要求我们要有创新思维。现在，我们一起来思考一下吧。

解答

首先，我们选择其中一个人，他叫佩雷斯。当这些学生中的一个人（佩雷斯除外）第一次进入空房间时，他会做以下事情：如果他发现灯关着，就把灯打开；如果灯开着，他就什么都不做。也就是说，如果灯已经亮了，他就静静地等待这一分钟过去，等着我去接他回到自己的房间；如果他已经在其他时间进过这个房间，并且已经在其他时间打开了灯，他也无须做任何事。这样一来，就能保证每个学生都能在这个空房间里只开一次灯。

对于佩雷斯来说，他要做不同的事情。他是从 0 开始计数，每次增加一个数，直到 99。具体做法是怎样的呢？当他每次进入空房间并发现灯亮着时，就数一个数，然后关灯；如果他发现灯关着，就什么也不做，等待一分钟时间过去，在这一分钟内他可以想一想特朗普为什么会成为美国总统，或者在俄罗斯世界杯比赛期间阿根廷队发生了什么事情。

当佩雷斯计数到 99 的时候，他就可以使这个过程停止，并说每个人都至少进入了那个新粉刷的空房间一次。这是为什么呢？

在读下面的内容之前，你不想思考一下吗？

没错！就是每个学生只开一次灯。一个学生之前可能已经进入过几次这个房间，但每次进入后都发现灯亮着（因此他不需要做任何事），或者他发现灯是关着的，但他之前已经开过一次灯，因此他也不需要做任何事。这样一来每个学生只能开一次灯。

当佩雷斯计数到 99 的时候，他就知道自己可以停止整个过程了，因为所有的学生都已经至少进入过空房间一次。当然，因为他是在自己的房间里，他可以给老师打电话，让老师知道这个方案奏效了。就这样，问题解决了！[①]

附言

一个普通人在日常生活中很难遇到这样的问题。然而，微软公司曾对面试者提出了一个类似的问题（与囚犯、牢房、处决犯人等相关）。这与上述问题有联系吗？我认为这两个问题之间未必有联系，但这是现实生活中的一个例子。你可能会认为，找到解题方法的人更优秀。未必！只是他能想出一个办法来解决这个问题。

对于我来说，在任何情况下，最重要的是运用了我们的思考能力，并享受了思考的过程。

哦，由于我已经很久没有讲过这个问题了，所以我在这里把它讲出来。这就是数学的魅力！[②]

① 我的一些看法：（1）根据规则，佩雷斯是唯一可以多次关灯的人；（2）如果你想一想这个方法是如何操作的，你肯定会发现在某个时间点，也就是老师最多选择了100个数字之后，佩雷斯必须关灯99次。然后，佩雷斯就可以说，他们都至少进去过空房间一次。第一次，你要确保佩雷斯至少进去过空房间一次，如果灯亮着，就把它关掉。之后，你可能会发现灯关闭了很多次，但我相信，随着其他学生不断进入空房间，有时候有些学生进来会把灯关掉，而有些学生进来会把灯打开，那么，佩雷斯下次进来时就会把灯关掉。这样一来，我们就可以确信，在很多次关灯和开灯后，佩雷斯会把灯关掉99次，到那时，他就会知道所有人都来过空房间。

② 这个问题有多个版本。区别在于老师以何种方式进入学生们的房间。我从众多版本中选择了其中一个在本书中呈现出来，如果你对这个主题感兴趣，还有很多类似的有趣例子可以尝试一下。在每个版本中，你走完这些房间所花费的时间是不固定的，或许花费了三个星期的假期都没办法完成。不管怎样，为了保证答案一致，学生所选择的解决方案都是可行的。

第 43 章　这 100 名囚犯怎么出去

我想和你分享一个故事。2016 年 10 月，阿根廷数学家、巴塞罗那大学的杰出教授马丁·松布拉给我发了一封邮件，他在邮件中提到了一个数学问题。虽然我以前也确实研究过这方面的问题，但马丁还是建议我看一下专门针对数学教育的一次 TED 演讲，[①]那次演讲中有一些图文并茂的数学内容，非常吸引人。

根据马丁的建议，我想借此机会把在那里提出的问题讲给大家。如果你跟着我看到最后，就会发现它非常令人着迷。对于我来说，如果这个问题不运用数学思维并采用数学方法进行运算，似乎就很难找到解决问题的方案。当然，我并不是说这是完全不可能的。

据我了解，这个问题有很多个版本，最初的版本是由丹麦科学家彼得·布罗·米尔特森在 2003 年提出来的。米尔特森是这样表述的：

> 一所监狱的监狱长想为 100 名囚犯提供一次特赦的机会。这 100 名囚犯身上的编号是从 1 到 100。监狱长找了一间房子，在里面放了一个柜子，柜子里有 100 个抽屉，在每个抽屉外面相应地

① 参见网站 https://www.youtube.com/watch?v=vIdStMTgNl0&feature=youtu.be。

依次贴上从1到100的数字标签。随后，监狱长准备了100张编号为1到100的纸片，并把它们随意地放进这100个抽屉里，在每个抽屉里都放一张有数字编号的纸片。也就是说，他把编号为1到100的纸片打乱放进了这100个抽屉里。纸片和抽屉的编号不一定相同。

接下来，监狱长召集了这100名囚犯，并告诉他们，每个人都会被允许进入房间，但进去的人必须从某个抽屉里找到那张对应自己编号的纸片。由于监狱长知道囚犯要从抽屉里一下子找到装有与他们自己编号对应的纸片的概率非常低，他便给他们提供了一个选择：每个进去的人最多可以打开50个抽屉。当囚犯找到自己的编号后，就停下来，关上抽屉，把所有抽屉都恢复原样后再离开，房间里的摄像机会记录下发生的一切。

在这100名囚犯陆续进入房间的过程中，如果其中有一个人没找到对应的编号，那么所有人都不能算成功。这样一来，监狱长提出的特赦机会便不再有效，所有囚犯也就必须服满各自的刑期。如果所有人都找到了自己的编号，那么他们都将获释。

囚犯们可以事先讨论，但是，当第一个囚犯进入房间后，便不再有相互交流的机会了。

问题：你能制定出一个方案，让他们有“更多”的机会在抽屉里找到各自的编号吗?

说到这里，我们先暂停一会儿。在继续阅读我接下来要讲的内容之前，你可以自行思考一下。

正如你所注意到的，这个问题似乎无法解决。为什么这样说呢?我们假设第一个人进入房间，通过最多打开50个抽屉的方式找到他自己的编号。接下来，第二个囚犯进入房间，也最多能打开50个抽屉，找到自己的编号。而这样做并不能保证两个人打开50个抽屉后一定能找到各自的编号，100 名囚犯也都会面临这样的情况。应该怎么做呢？

解答

我想向你提出一个建议，就是在接下来寻找解决这个问题的方案时试着加入一些数学思维，不管怎样，它会帮助你提高“智力”。

也就是说，当你阅读接下来的内容时，如果你能理解并运用这些数学思维，那么请相信我，你会感觉更好，因为它会打开你大脑里某些未被开启的领域（除非你以前了解这个主题），最后我们就可以理解米尔特森最初提出的方案了。下面我们一起来看一下。

首先，我们来看一下这几个自然数：1，2，3，4，…。从中选取前两个自然数 1 和 2，我们会发现有两种可以按顺序排列的方法，并得到数字：

12　　21

如果从中选取前 3 个自然数 1，2 和 3，那么，它们就有 6 种排列的方法：

123　132　213　231　312　321

如果从中选取前 4 个自然数 1，2，3 和 4，则它们会有 24 种排列的方法：

1234　1243　1324　1342　1423　1432
2134　2143　2314　2341　2413　2431
3124　3142　3214　3241　3412　3421
4123　4132　4213　4231　4312　4321

如果你回顾一下到目前为止我所讲的内容，就会发现：

1. 如果是选取前 2 个自然数，就有 2 种排列方式。
2. 如果是选取前 3 个自然数，就有 6（$3\times2=6$）种排列方式。
3. 如果是选取前 4 个自然数，就有 24（$4\times3\times2=24$）种排列方式。

虽然我接下来不打算继续列出前 5 个自然数、前 6 个自然数等的排列方式，但我强烈建议你这样做。你会得出这样的结论：如果选取前 5 个自然数 1，2，3，4 和 5，就会有 120（$5\times4\times3\times2\times1=120$）种排列方式。以此类推，取前 100 个、1 000 个或 100 000 个自然数，也是如此。例如，取前 100 个自然数，就会有 $100\times99\times98\times97\times96\times95\times\cdots\times3\times2\times1$ 种排列方式；取前 1 000 个自然数，就会有 $1\,000\times999\times998\times997\times996\times995\times\cdots\times4\times3\times2\times1$ 种排列方式。

这在数学中被称为“阶乘”，例如，当我们计算 $5\times4\times3\times2\times1$ 时，就称它为“5 的阶乘”，具体用“5！”表示。如果要计算前 52 个自然数有多少种排列方式，就用“52！”（52 的阶乘）表示，也就是 $52\times51\times50\times49\times48\times\cdots4\times3\times2\times1$。①

每种可能的排列方式都被称为这些数字的排列组合，也就是说，1324 和 4213 是前 4 个自然数的两种可能的排列组合，而我们上面计算的是前 2 个、3 个、4 个、5 个或 100 个等自然数有多少种可能的排列组合。

作为“实践”，我建议你看看这些排列组合的增长速度，你会发现确实令人惊讶。看看当你增加自然数的数量时，得到的相应排列组合的数量会发生什么变化。

---

① 要了解有关这个或这些巨大数字的更多信息，请阅读我的《未来的数学》一书，阿根廷布宜诺斯艾利斯，2017 年版，第 106 页。

2！=2

3！=6

4！=24

5！=120

6！=720

7！=5 040

8！=40 320

9！=362 880

10！=3 628 800

也就是说，前 10 个自然数有 3 628 800 种可能的排列组合。这确实应该在 10 后面加一个“感叹号”。

再思考一下，如果我们任意排列前 6 个自然数，如 2，6，3，1，4，5，会是怎样的结果。接下来，假设把这几个数字中的每个数字分别写在一个小球上，然后把这些小球分别放进小盒子里。如果我把所有的盒子按从 1 到 6 的顺序排列（编号），球和盒子的对应情况如图 43–1 所示。

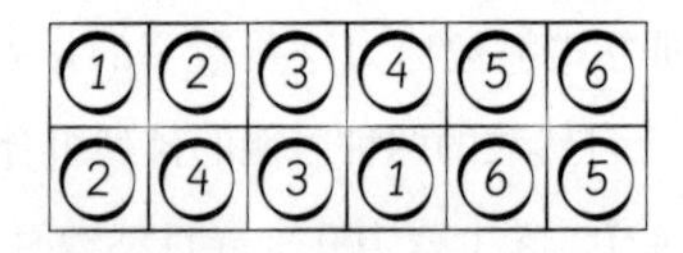

图 43–1 把装有小球的盒子按 1 到 6 的顺序排列

也就是说，1 号盒子里是 2 号球，2 号盒子里是 4 号球，以此类推。可以看出，每次调换数字的位置，都是这 6 个数字的重新排列组合。

在这种情况下，正如我之前所说的，1 号盒子里是数字 2，2 号盒子里是数字 4，3 号盒子里是数字 3，4 号盒子里是数字 1，5 号盒子里是数字 6，6 号盒子里是数字 5。我们把每个盒子里的数字看作一个球，把每个编号看作一个盒子，每一次排列组合都相当于将球“重新分配”到盒子里。在这个假设中，3 号球是唯一一个与盒子编号相同的球，其他球都改变了位置。

现在，我想建议我们做一次“旅行”或“游览”。是的，我知道你不理解我的意思。我想，你一定想问：“旅行？游览？你在说什么？”其实这非常容易理解。

我们从1号盒子开始。我们能在1号盒子里找到数字2。也就是说，当打开1号盒子时，发现了2号球。这个数字2表示，下一个要“打开”或“检查”的是 2 号盒子。

在2号盒子里找到了数字4，这也意味着我们必须去打开4号盒子。然后我们就能在 4 号盒子里找到数字 1，此时，数字 1 与我们一开始打开的 1 号盒子的编号相同。你明白了吗？也就是说，我们已经发现了一个“循环”。为什么？因为从 1 号盒子里找到了数字 2，从 2 号盒子里找到了数字 4，然后从 4 号盒子里找到了数字 1，如果用“箭头”表示我们打开盒子的路径，就会是这样的：

$$1 \to 2 \to 4 \to 1$$

现在，我们从 5 号盒子开始，就会找到数字 6。当我们打开 6 号盒子时，会发现是数字 5。这是另一个循环，即

$$5 \to 6 \to 5$$

如果我们从 3 号盒子开始，就会是一个特殊的循环：3 号球没有离开 3 号盒子，因为这是仅有的一个数字循环。这种类型的循环被称为“自身循环”。

如果分析这种排列组合的所有可能性，会发现它有三个循环：

(1，2，4)，(5，6) 和 (3)

正如你所看到的，我们把循环的数字放在了括号里。在第一个循环中，是从 1 到 2，2 到 4，4 再回到 1；在第二个循环中，是从 5 到 6，6 再回到 5；最后，3 是“自身循环”，它没有离开 3 号盒子。

再来观察一下：循环 (1，2，4) 等于循环 (4，1，2) 和循环 (2，4，1)。也就是说，它们都是相同的，因为我们无论选择 3 个盒子中的任何一个盒子开始打开盒子，都依照的是相同循环。

我们再举一个例子，现在将前 10 个自然数随意排列：

4 3 8 2 6 5 10 1 9 7

把它们放进已编好号码的盒子里（就像前面盒子与球的例子）：

1	2	3	4	5	6	7	8	9	10
4	3	8	2	6	5	10	1	9	7

我们来试着找一下这个例子中的循环。在继续阅读我将要呈现的内容之前，你也可以这样做。我们从 1 号盒子开始：(1，4，2，3，8) 是一个可能的循环。请注意，它的长度为 5（因为它涉及 5 个数字）。

此外，还有如下三个循环（难道你不想亲自查一下，看看我说的是否正确？）：

1. (5，6)，长度为 2。
2. (7，10)，长度为 2。
3. (9)，长度为 1。

我知道，这引发了很多问题。我想和你一起思考这些问题的答案。当然，我会选择一些问题进行分析，以便我们继续向前推进。这很吸引人，请多花一些时间找不同的可能性，尝试不同的调整。

例如，在选择前 10 个自然数的情况下，从我选择的排列组合（4，3，8，2，6，5，10，1，9，7）中，可以提取四个循环：（1，4，2，3，8），（5，6），（7，10）和（9）。

那么，是否有可能出现一个长度更长的循环排列组合呢？当然，这个长度不可能比排列组合中数字的数量更多。换句话说，在我查看这 10 个数字可能出现的排列组合时，有没有长度是 6，7，8，9 甚至 10 的循环排列组合呢？我不用再问其他的情况了，因为上面的示例已经展示过长度是 5，2 和 1 的循环排列组合了。

在这些问题中，我会回答一些关键的问题，但我也建议你自己尝试一下。例如，下面这样的排列组合：

2 3 4 5 6 7 8 9 10 1

很明显，上面是长度为 10 的循环排列组合。而长度为 9 的循环排列组合如下：

2 3 4 5 6 7 8 9 1 10

在这种情况下，其中一个循环是（2，3，4，5，6，7，8，9，1），还有一个循环的长度是 1，即（10）。正如我之前所说的，所有长度为 1 的循环都被称为“自身循环”，顾名思义，它们从自身开始，也在自身处结束。

在现实生活中，我们可以随意排列出任何长度的循环排列组合。

最后一个观察和问题：如果有一个前 10 个自然数的排列组合，是否会出现两个长度都大于 5 的不同循环？

想一想这个问题，但你很快会发现这是不可能的。当你阅读到我的答案时，如果我的答案跟你想象的答案不一样，你可能会有一种被欺骗的感觉。那么，为什么要剥夺自己思考“是否有可能”的机会呢？在任何情况下，都不要剥夺自己的推理能力和推理成功的满足感。

事实上，不可能存在两个长度大于 5 的不同循环排列，因为在这 10 个数字中，肯定至少有一个数字在上述的两个循环中，而且在这两种情况下，我们选择从哪个数字开始推理的“路径”应该相同。因此，这是两个相同的循环。换句话说，每个数字都是一个循环的一部分。

现在想想：我为什么要给你呈现这些关于排列组合和循环的内容呢？是什么因素促使我这样做的呢？你还记得我在一开始提到的那个问题吗？所有囚犯为了使自己都能被释放，必须通过最多打开 50 个抽屉来找到自己的编号。如果他们中有一个人没找到自己的编号，那么每个人就都必须继续服刑。

囚犯们事先可以讨论他们自己应该如何做，一旦第一个囚犯进入房间，就不再有相互交流的机会了。

与我刚开始讲述这个故事时不同，现在我们掌握了一定的优势——知道什么是排列组合，如何计算有多少个排列组合（取决于要进行排列组合的对象数），什么是循环和“自身循环”，还从中总结出了一些规律。

我当时提出的问题是：你能制定出一个方案，让他们有“更多”的机会在抽屉里找到各自的编号吗？

在我们进一步讨论之前，我想和你做一些计算，来看看我们在没有采用一些方案的情况下实现目标会有多困难。如果每个人都进入房间并随意打开 50 个抽屉，那么 100 名囚犯都能找到自己编号的概率是多少？我们一起计算一下。

请注意，当第一个囚犯进入房间时，他找到自己编号的概率是

1/2，也就是说，他有 50% 的机会找到自己的编号。为什么？因为有 100 个抽屉，只允许他打开其中 50 个抽屉。

到目前为止，一切都很顺利。当第二个囚犯进入房间时，他找到自己编号的概率也是 1/2。然后，通过将两个概率相乘计算出两个人都能找到各自编号的概率，即 $1/2 \times 1/2=1/4$。

你可以想象得到，每次有囚犯进入房间，概率的计算都要再添加因子 1/2。简而言之，每个人都能找到自己编号的概率是：

$$(1/2)^{100}=0.000\,000\,000\,000\,000\,000\,000\,000\,000\,0008$$

这是一个非常小的数字。

因此，囚犯在进入房间之前应该聚在一起，想出一些策略。无论他们想出什么办法，或者无论他们决定遵循什么计划，肯定会比随意尝试有更多的机会获释。

说到这里，我们再暂停一下。

是时候让你想一些策略了，不管你能否想出来，都要试着想一下。我承认当时我没有机会思考任何策略，因为当我听到这个问题时，我没有时间进行任何思考。在马丁将这个问题寄给我之前，有一天，我正坐在芝加哥大学的一个食堂里，那里有一群数学家正在讨论这个问题的解决方案。当我加入讨论，询问问题是什么的时候，桌子周边的几个人已经在讨论制定解决问题的策略了。我在知道问题是什么之前就已经知道了解答的方案，因此，我无法在这里说解决这个问题是多么容易或多么困难。

我可以做的是，建议你像往常一样不要立即阅读下面的内容，而是花一些时间思考。我不能保证你会想出其他人已想出的方案，但我也不能保证你不会。更重要的是要相信自己的想法。不管遇到的问题难易程度如何，我相信任何人都有很多机会解决这个问题，并能想出一些与别人的想法完全不同的解决方案。从某种意义上说，这会给你带来巨大的优势，因为你不会受到别人讨论的内容的影响，避免别人的讨论把你引向一条他们已经走过的路。

总结

要学会自己思考。要知道，这不是微不足道的小事，至少对于我们这些知道这个问题的解决方案的人来说不是小事。也许你会以另一种方式得出相同或不同的结论，为什么不试试呢？

现在，来看一下我的解题方法。我先举一个小例子。现在我先假设不是有 100 名囚犯，而是只有 4 名囚犯，并允许这 4 名囚犯打开其中两个抽屉。

方法如下：1 号囚犯进入房间，打开 1 号抽屉。如果他在里面找到了自己的编号，他就关上抽屉，直接离开。

如果他没有找到自己的编号，就说明抽屉里出现了 1 以外的数字，可能是 2，3 或 4。假设抽屉里是数字 3，紧接着他就去打开 3 号抽屉。如果他在 3 号抽屉里找到了自己的编号，那么他就在两次尝试中找到了装有自己编号的抽屉，随后他关上抽屉并离开。如果他没有找到自己的编号，很不幸，他们都输了，因为每个囚犯在一开始就很清楚，他们找到自己编号的机会只有两次。

在有 4 个人的情况下，为了计算出所有囚犯都能找到自己编号的概率，我将分析每个囚犯可能遇到的所有可能性。要做到这一点，我们应该先看看这 4 个数字所有可能的排列组合。上面讲过，我在这里再重复一下：

1234 1243 1324 1342 1423 1432

2134 2143 2314 2341 2413 2431

3124 3142 3214 3241 3412 3421

4123　4132　4213　4231　4312　4321

共有 24 种可能的排列组合。当一名囚犯进入房间时，他将遇到上述 24 种数字组合中的一种。现在，我们一起分析一下在哪些情况下他能找到自己的编号，在哪些情况下他找不到自己的编号。

还记得前面举的关于数字循环的例子吗？首先，我们要做的是看看在排列组合中有多少个循环，更重要的是确定有多少个长度为 3 或 4 的循环。为什么？因为如果一名囚犯遇到了长度为 3 或 4 的循环，他就找不到自己的编号。如果他遇到了一个长度为 2 或 1 的循环，那么他就能通过两步或一步找到自己的编号，这就是问题的关键所在。

在我们进一步讨论之前，我想再做一些观察：你会注意到有些循环看起来不同，实际上结果相同，如循环（1，2，3，4）就与循环（2，3，4，1）相同。也就是说，无论从哪个数字开始，尽管数字的排列组合方式看起来不同，但它们都遵循同样的路径和顺序。因此，就实际效果而言，是“无法区分”它们的。

我们一起来看一看哪些排列组合会导致囚犯无法找到自己的编号，并数一数有多少种排列组合。

首先，有 6 个长度为 4 的循环，如图 43-2 所示：

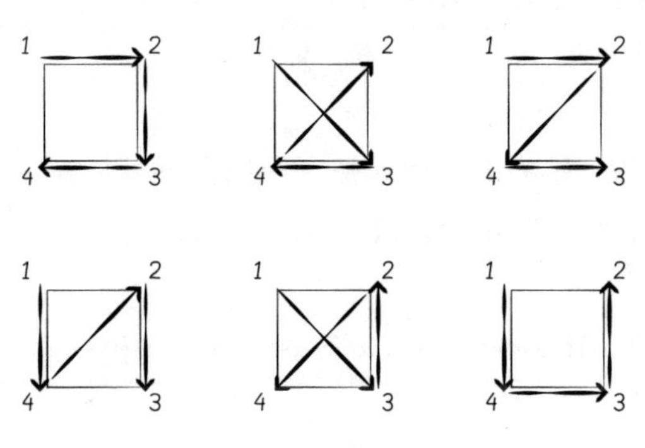

图 43-2　6 个长度为 4 的循环

其次，有 8 个长度为 3 的循环，如图 43–3 所示：

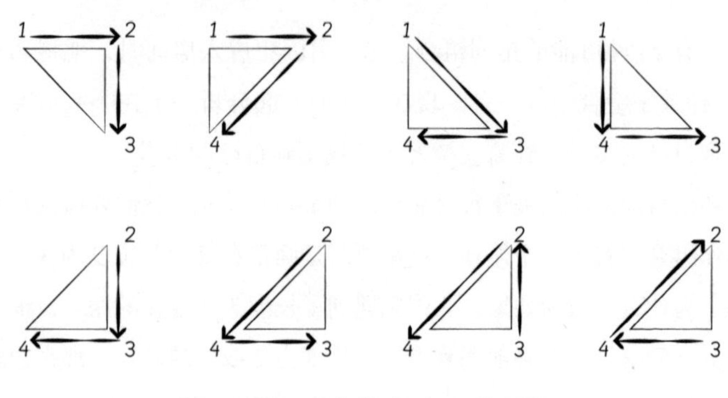

图 43–3　8 个长度为 3 的循环

因此，在 24 种可能的排列组合中，有 14 个循环（6 个长度为 4 的循环和 8 个长度为 3 的循环）会阻止囚犯们找到自己的编号。如果监狱长选择的排列组合涉及这些循环中的任何一个循环，囚犯们就会失败。然而，剩下的 10 个排列组合，最多是长度为 2 的循环（要么是两个循环，要么是一个循环）。因此，囚犯们能够找到他们各自编号的概率为 42%，即 $10 \div 24 \approx 0.42$。

为了完成这一排列，我们把这里会成功（或者说会让囚犯准确找到各自的编号）的 10 个循环写下来：（1），（2），（3），（4），（1，2），（1，3），（1，4），（2，3），（2，4）和（3，4）。

一般来说，如果囚犯的数量是一个偶数（也就是 $2n$），那么他们找到自己编号的概率就用下面这个公式来计算：

$$1-[1/(n+1)+1/(n+2)+1/(n+3)+\cdots+1/2n]$$

例如，在有 10 名囚犯的情况下，n=5。套用上面的公式得到：

$$1-(1/6+1/7+1/8+1/9+1/10)\approx 0.35$$

换句话说，如果有 10 名囚犯，那么他们找到各自编号的概率为 35%。

同样地，如果有 1 000 名囚犯或 100 万名囚犯，概率就接近 30%。

答案解析就在这里结束了，虽然从 $n=4$ 的情况到我们要计算 1 000 名囚犯的情况，还需要做很多分析，但我在本书中无法完全涵盖。

这方面[①]的文献有很多，要讲的内容也很多，剩下的部分留给你继续思考并完成。尽管如此，我们依然能够确定，采用这种方法，囚犯获释的概率会超过 30%。这难道不令人瞩目吗？

---

① 我建议你去阅读在 Gaussians 上发布的内容：https://www.gaussianos.com/solucion-al-problema-de-los-100-presos/。你也可以在维基百科网站 https://en.wikipedia.org/wiki/100_prisoners_problem 上查阅到包含更多相关细节的英语版本。

终　篇

如果老师错了呢

我要讲一个真实的故事。即使不真实也没关系，因为它非常有影响力，而且故事中蕴含着许多道理。所以，故事真实与否也就无关紧要了，但这个故事所描述的内容会让你难以接受。

当然，让你刚听完我介绍的这些内容就对这个故事做出公正的评价是一件很难的事情。但我能感觉到，你一直在等待我讲完这个故事，并在最后质疑我："这对你来说有那么'难以接受'吗？你想跟我说的就只有这些？"我的回答是："是的！"即使会被你这样质问，我还是想把这个故事讲给你听，然后我们再一起思考其中的含义。

第一幕

2017 年 8 月 9 日，在一个叫 Quora 的网站上，一个年轻女孩（我叫她玛丽亚）分享了她在 12 岁时的一次经历。当时她还在上小学。玛丽亚想把自己的这段经历讲出来，以强调她生命中那段插曲对她产生的影响。故事是这样的：

一位老师给同学们提出了一个问题，并给了他们足够的时间解答这个问题。玛丽亚和她所有的同学一样，把自己的解题方法写在纸上交了上去，然后满意地回家了。她觉得自己做得很好，甚至对自己得到的答案和所使用的逻辑推理感到非常自豪。

第二天，老师把批改过的试题发了下来，在那道题后面，老师给她的批注是："错误！"

玛丽亚简直不敢相信。她为自己得到这样的批语感到难过，更糟糕的是，她不知道自己错在哪里。她觉得，自己怎么可能答错呢？

玛丽亚对自己的答案很肯定，并不愿接受这个结果。

这个故事先到此为止，回头再继续讲。

第二幕

在休息的间隙，我会写下所问的问题，然后写下玛丽亚的答案。如果现在我们在一起，在你阅读某个解决方案或答案之前，我想请你花一点时间看看自己能想出什么办法。请记住，这是一道小学数学题，然而这道题确实值得我们思考。

一家医院正在举行筹款抽奖活动，目的是筹集足够的资金购买一台 CT 扫描仪。很显然，仅靠这样的抽奖活动无法实现目标，但大家的爱心有助于医院医疗事业的发展。

医院将发售 550 万张抽奖券，每一张奖券上面都有不同的号码。发起人声称：每四张奖券中就有一张奖券肯定会中奖。

说完这些，老师问："一个人至少要买多少张奖券才能保证赢得奖品？"

在这里，我要求你思考一下如何回答这个问题。请相信我，如果你能花时间思考一下如何解答这个问题，你一定会享受到其中的乐趣。

第三幕

玛丽亚的回答是："一个人要保证自己中奖，至少需要购买 4 125 001 张奖券。"

思考一下：为什么要购买 4 125 001 张奖券？

如果有 550 万张奖券，并且知道其中 1/4（每 4 张中的一张）可以中奖，即 5 500 000 ÷ 4=1 375 000。也就是说，在 550 万张奖券中，只有 137.5 万张奖券可以中奖。那么，玛丽亚可能遇到的最坏情况是什么？也就是说，发生了什么最坏的情况，让她不能中奖？

准确地说，由于有 1 375 000 张奖券可以中奖，那么其余 4 125 000 张奖券就不能中奖，即 5 500 000–1 375 000=4 125 000。

如果玛丽亚决定购买 4 125 000 张奖券，可能她很不走运，买的所有奖券都没有中奖。但是，如果玛丽亚不是只买了 4 125 000 张奖券，而是多买一张奖券，那么其中一张肯定能中奖。我建议你在继续论证我的论点之前，自己先想一想。

我再说一遍，如果玛丽亚买了 4 125 000 张奖券，可能发生的最坏情况是，她把所有不能中奖的奖券都买走了，接下来，只要再多买一张奖券就可以了！

请注意，我说的是所有可能的情况中最糟糕的一种情况，即当买了 4 125 000 张奖券时，很可能它们中的一张奖券已经中奖了；也可能所有不能中奖的奖券都被别人买走了（可以给这个人随意起个名字）。

但老师的理解不同，所以他用红笔写道："错误！"

第四幕

玛丽亚很难过，她期待弄明白解题方案的错误所在。老师说，有些同学的答案是正确的，她会请一位同学说出正确答案（老师认为的正确答案）。玛丽亚耐心地等待着。

一个年龄较小的女孩说："要保证一定会中奖，必须买下所有的奖券。”也就是说必须买下所有 550 万张奖券。玛丽亚听到她的话非常吃惊。

第五幕

玛丽亚不赞同这个答案，而且她也不明白自己的推理哪里不对。当然，如果有人买了所有的奖券，肯定至少有一张奖券能中奖。事实上，如果一个人买了所有奖券，他就能得到所有的奖品。但这并不是当初提出的问题。当初提出的问题是：一个人至少要买多少张奖券才能保证赢得奖品？

12 岁的女孩玛丽亚看起来很紧张，她战战兢兢地举起手，反驳道：“我认为这个答案是错的。”老师却回答说：“我认为这是正确的答案。”

玛丽亚又做了一次尝试，说：“老师，我给你分析一下，奖券的数量少了会发生什么。例如，如果不是有 550 万张奖券，而是 12 张奖券，而且我们知道其中只有 1/4 的奖券会中奖，那么我只须买 10 张奖券就够了。如果非常不走运，我前面买的 9 张奖券都没中奖（我们已经知道 12 张奖券中有 9 张奖券不能中奖），那么其余 3 张奖券会中奖，我只须买 10 张奖券就行。对于我来说，我不需要买下所有的奖券，只须再多买一张奖券就足够了。”

老师也不放弃，大声说：“这不是我教给你的解决这个问题的方法。我用另一个例子告诉你。”

老师又提供了这样的选择：“如果不是有 12 张奖券，而是只有 4 张奖券，你要买多少张呢？”

老师停了下来。

玛丽亚不想放弃，回答说：“是的，在这种特殊情况下，是正确的。出现这种情况是因为当你买了 3 张不能中奖的奖券后，只需要再多买一张奖券，就可以中奖。在这种情况下是正确的。”

老师已经被激怒了，不想再继续往下阐述。玛丽亚主动要求在黑板上画一些图（经典的“维恩图”）来表明自己是正确的，结果却无济于事。

“请你坐下来，我们来完成这道题目。你错了，因为是我说的，而且我是老师。如果你再在这个问题上反驳我，我保证你会受到惩罚。”老师说道。

玛丽亚吓坏了，她不再说什么了，因为如果她在学校受到惩罚，那么她将不敢面对她的父母。

第六幕

玛丽亚在这件事发生多年后写了一篇文章，并在文章中补充了以下内容：

> 在写完这篇令人难以置信的文章之后，我想“感谢”这位匿名的老师，因为她更让我永远对数学怀着深深的憎恶。我花了很长时间才从这件事给我带来的深深的痛苦和不幸中恢复过来，特别是在我成长的时期。说实话，即使在今天，在经历了那件事情的二十多年后，每当我听到“数学”这个词，我仍然觉得胃里翻江倒海般难受。我想，这件事会永远折磨我。

现在，我们回到这个问题上。很明显，玛丽亚这一经历突显出一个非常严重的问题。我想我不需要肯定玛丽亚的解题方法。即使玛丽亚的答案不正确，教室里那个“独裁者”的反应也让人无法接受。

此外，还有一个问题，至少这是我想与你分享的问题：我们有多大把握可以确定发生上述情况的概率比我们了解到的情况的概率高很多？

教育的关键是允许质疑，而质疑应该是这个过程的“驱动力”，是那些敢于提出不同意见的人的“指南”……即使在老师肯定答案正确的情况下也是如此。

知道何时犯错了，或者说，知道为什么犯错，不是一件小事。我对自己在这里说出这句话而感到婉惜，但这是我经常在学生面前介绍自己的一句“口头禅”。因为我不想给他们留下这样一个印象：所有问题的答案都很明显，都会很容易且快速地被解答。简而言之，我要一直传达出这样一个意思，就是让学生明白，找到问题的答案需要集体的努力，尤其是鼓励大家及时试错，因为出现错误的机会比成功多得多。

好在我和大部分老师并没有表现出这些不足，而在那些几乎以“敬畏”之心曲从他人的人眼中，我们显得特别有天赋。如果把你放在玛丽亚或其他孩子的位置上，就会发现自己不仅不明白为什么会被问那些问题，甚至不明白老师为什么以自己的方式强迫学生认可自己的答案。这让学生感到自卑、不适应、无助，让他们的承受能力远远低于他们这个年龄段的孩子所能承受的极限。

如果你允许我继续说下去，那么我想说的是，故事中老师的这种“可怕”做法（尽管这似乎听起来有些夸张）实际上已经消除或扼杀了学生犯错带来的“非凡力量”。因为允许学生犯错直到他们自己明白为什么会犯错，比他们从一开始就明白为什么老师是正确的，要对他们的成长更有益、更有用。

哦，我忘了一点！我们特别应该鼓励学生提问题，不要让任何人觉得，如果他再次提问，他就会落后于人。允许我再夸张一点地说：把一个人抛在身后，而去优先考虑那些“和自己玩得很开心”的多数人，就像是在黑暗中失去了一个朋友。即使有一个人（或少数一些人）得出不同的答案，我们也会认为多数人是对的。不应该是这样的！在这种情况下，我们必须确保不是大多数人，而是所有的人都给出自己的答案。如果不是这样，就会出问题。

所以，提出质疑的玛丽亚，你是对的，可惜我们不能再回到过去了。你能再给我们一次机会吗？

未被证明的数学难题

你一定能想象得到，如果我要写一份有关数学中未被解决的问题清单，我觉得自己这辈子都写不完，不仅是我，几乎所有人都无法做到。当你在阅读本书的时候，科学家们还在忙着思考各种未被解决的问题呢！每一个问题的答案及每一个看似已经解决的问题中，都会有更多的问题被不断发现，也许还有很多问题我们并没有发现。

当然，并非所有问题都有共性，这一点我很肯定。事实上，有许多问题已经提出来很多年了，这样的问题都会有一种特别的吸引力，吸引许多非常著名的数学家去研究和解答，但目前几乎都没有成功。我不是阻止你去尝试解答，而是想告诉你，有一些“胆大妄为”的人正在尝试。他们虽然最终没有成功，但往往也不会陷入其他人发现的“死胡同”，而是做出了一些完全不同的贡献，这是我们没有想到的。换句话说，这种天真单纯的态度很可能将对找到问题的答案起到决定性作用。

在此，我说一点简短的题外话。在美国东北部新罕布什尔州的彼得伯勒小城，一个几乎在地图上找不到的地方，有一个对数学界产生重大影响的非营利性机构——克雷数学研究所。[①] 在 21 世纪初，该研究所列出了一份由七个问题组成的清单，这七个问题被称为“千禧年大奖难题”。

这个成立于 1998 年的机构，承诺给能够解决这七个难题中任何一个难题的人奖励 100 万美元。即便如此，我还是想赶紧写下以下内容。

---

① http://www.claymath.org/，这是克雷数学研究所的官方网站。这些问题可以在链接 http://www.claymath. org/millennium-problems 上找到。

虽然该奖项的经济意义显而易见，但它将给成功解决这七个难题的人带来的声望几乎立即可以将其置于历史上最杰出数学家的“万神殿”中。因此，尽管金钱上的奖励不小，但更吸引人的是能解决这些难题的人将在数学史上获得无与伦比的尊崇地位。

有趣的是，对于“不是数学家”的人来说，有些问题（我会在下面讲）很难向他们表述，因此也很难让他们理解。此外，我相信，即使是专业的数学家，以他们的专长也并不适合解决所有问题，他们甚至很难理解“问题是什么”或“要证明或解决什么”，等等。

回到最初提到的话题。我不打算提及那些本身就很有特点的问题，而是想分享那些看似“平庸”的问题，这些问题更容易被理解，也更容易让人知道题目到底需要我们解决什么，但这并不意味着这些问题的难度比较低。我的想法是与你分享一些在这个世界上发生的事情，这些事情可能与你的日常生活有一定的距离。我认为阅读和了解“数学领域”内正在发生的事情很值得。

最后我想说，尽管我们也许不是医生，但我们都知道要找到解决某些类型的癌症、自身免疫性疾病、阿尔茨海默病或帕金森综合征等问题的办法是多么困难。换句话说，对于我们来说，找到某些病症的解决办法就像是解开一道数学难题一样困难。我这么说的目的是强调数学界正在发生的事情，这些事情对世界各地的大多数人或整个社会来说是完全“透明”的。

现在，在做完所有这些铺垫之后，我将讲一下其中一些很著名但不知道解决方案的问题。当然，由于我可以理解这些问题，因此我相信你也可以。我选择这些问题完全是随意的，跟这些问题的难度及提出它们的时间无关，也并不完全跟我在清单里提到的问题完全一致。不管是你阅读这些问题的时候，还是我写这些文字的时候，这些问题都会很有吸引力。我想在这里向你分享这些问题。我通常都会准备厚厚的草稿纸来整理这些问题，希望你也能喜欢阅读并思考它们，就像我写这篇文章时一样。我们开始吧。

科拉茨猜想

科拉茨猜想有好几个名称，它是由洛萨 · 科拉茨在 1937 年首次提出的。在这 80 多年的时间里，它也被称为考拉兹猜想、哈塞猜想、角谷猜想、乌拉姆猜想。我打算再增加一个名称：$3n+1$ 问题。在最后一个名称中，问题的一部分信息已经被揭示出来了。跟我一起来看一看，你会发现它非常简单易懂。

我们现在拿出一支笔和一张纸，写出一些数字。当然，由于我和你不在一起，因此你准备你的、我准备我的，但是你会看到最后我们会得出几乎相同的结果。接下来，我会告诉你，我们要做什么。

从自然数 1，2，3，4，5，…，70，71，…中任意选择一个数字，即任意选择一个正整数。例如，我选择 46。你也选择一个数字，我们一起来算一算。如果你选择的数字是一个偶数，那么就用它除以 2。由于我选择了 46，这是一个偶数，我也用它除以 2，得到 23，即 $46\div2=23$。现在我开始写下我这里计算出的数字序列。目前，我计算出的数字序列是：

46，23

如果得到的数字是偶数，就再用它除以 2。但我得到的是奇数 23，所以，我要用它乘以 3，然后再加 1。也就是说，由于 23 是奇数，要用它乘以 3，得到 69，然后再用 69 加 1，结果是 70，即 $23\times3+1=70$。现在，我计算出的数字序列是：

46，23，70

现在，我又得到一个偶数 70。然后我再用它除以 2，得到 35，即 70 ÷ 2=35。现在我计算出的数字序列是：

46，23，70，35

同样，由于 35 不是偶数，我再用它乘以 3 再加 1，结果是 106，即 35 × 3+1=106。现在我计算出的数字序列是：

46，23，70，35，106

继续计算，106 ÷ 2=53，现在得到的数字序列是：

46，23，70，35，106，53

我继续做同样的数学运算——得到偶数时用它除以 2；得到奇数时用它乘以 3 再加 1，即 53 × 3+1=160。在这里，我写了我得出的数字序列，我想再次建议你继续写下你得出的数字序列并依次计算。这时我的数字序列会变成：

46，23，70，35，106，53，160，80，40，20，10，5，16，8，4，2，1

当结果为数字 1 时，我就会停下来。这时你得出了什么结果呢？一会儿，我还会写更多的数字序列。正如你看到的，我最初选的数字是 46，通过以上计算，最终得到的是数字 1。事实上，不管你从哪个数字开始，你得到的数字序列最终都会以数字 1 结束。真的是这样吗？

为了验证它的真实性，我们再随意选择 5 个不同的自然数，按照同样的方式计算一下：

（1）7，22，11，34，17，52，26，13，40，20，10，5，16，8，4，2，1

（2）101，304，152，76，38，19，58，29，88，44，22，11，34，17，52，26，13，40，20，10，5，16，8，4，2，1[①]

（3）19，58，29，88，44，22，11，34，17，52，26，13，40，20，10，5，16，8，4，2，1

（4）51，154，77，232，116，58，29，88，44，22，11，34，17，52，26，13，40，20，10，5，16，8，4，2，1

（5）111，334，167，502，251，754，377，1 132，566，283，850，425，1 276，638，319，958，479，1 438，719，2 158，1079，3 238，1 619，4 858，2 429，7 288，3 644，1 822，911，2 734，1 367，4 102，2 051，6 154，3 077，9 232，4 616，2 308，1 154，577，1 732，866，433，1 300，650，325，976，488，244，122，61，184，92，46，23，70，35，106，53，160，80，40，20，10，5，16，8，4，2，1

你要不要检查一下，有没有可疑之处？或者说，有没有其他的选择？请注意，选择 5 个数字后，通过上述步骤的计算，最后都是以 1 结束。为什么？继续计算下去有意义吗？如果继续计算下去，会发生什么？我们一起来看一下。

如果一个非 0 自然数通过上述步骤计算后得到了 1，那么下一个

① 经推算，作者在原书中数字 58 后面丢失了数字 29 和 88，此处增补。——编者注

数字是 4（1×3+1=4），然后我用 4 除以 2，得到数字 2，然后我再用 2 除以 2，又得到了数字 1。也就是说，如果用数字 1 继续计算，就会进入一种循环，而且是“死循环”，除了 4，2 和 1，不会再有新数字出现。

这个很重要的问题是科拉茨提出的。他说，无论你从哪个非 0 自然数开始，不管是花多长时间，计算出很多的数字或很少的数字，最后你总是会得到数字 1。

最后，我对一个问题很好奇：如果考虑从数字 27 开始，会发生什么？是的，最终还是会得到 1，但计算出 1 需要进行 111 步。

如今，计算机使我们在计算领域取得了很大的进步，但众所周知，对于巨大的数字[①]来说，不管用计算机怎么计算，无论初始数字有多大，结果都是如此。然而，目前还不知道结果是否总是如此。好了，就这样吧！这是第一个还不知道其解决方案的问题……

哥德巴赫猜想

克里斯蒂安·哥德巴赫是德国数学家，也是一名律师。还有一个瑞士数学家莱昂哈德·欧拉，他是世界上最伟大的数学家之一。那是 1742 年，哥德巴赫给欧拉写了一封信，提出了以下他无法解决的问题：“是否每个大于 4 的偶数都可以被写成（或分解成）两个质数之和？”

例如：

（1）8=3+5。在这种情况下，8 是大于 4 的偶数，而 3 和 5 都是质数。你不想思考一下吗？请注意，并不是说只有一种分解方法，而是

① 如果你对这个问题感兴趣，在维基百科上有很多可以阅读的内容，也有关于进一步深入探讨这个问题的内容。你可以通过链接 https://en.wikipedia.org/wiki/ Collatz_conjecture 找到。

说至少有一种分解方法。

(2) 10=5+5=3+7

(3) 12=5+7

(4) 14=7+7=3+11

(5) 16=5+11=3+13

(6) 18=7+11=5+13

(7) 20=7+13

(8) 22=11+11

(9) 24=11+13

诸如此类的分解方法有很多，这里不再一一举例。到目前为止，哥德巴赫猜想对于每个小于或等于以下数字的偶数都正确。验证到的最大数字是：

400 000 000 000 000 000

看到目前这个进度，我们很想说这个结果是正确的，哥德巴赫猜想得到了验证，但也仅仅证明这个结论对到现在为止的这个数字正确，这还不够。真正需要的是，有人能证明这一猜想适用于任何偶数，但这一点目前尚不明确。

孪生质数

什么是质数？为了不在这里长篇大论地解释什么是质数，我想做一个简单的总结（为了更容易地理解上下文）：一个大于 1 的自然数，除了 1 和它本身外，不能被其他自然数整除，这样的数被称为质数。

例如，数字 2 是一个质数，因为它正好只有两个（正）除数 1 和 2。基于同样的道理，数字 3 也是质数（可被 3 和 1 整除）。数字 4 就不是质数，因为它不仅能被自己整除，还能被 2 整除。再例如，7 是质数，但 15 不是质数（15 还能被 3 和 5 整除）。

最开始的质数序列是这样的：

2，3，5，7，11，13，17，19，23，29，31，37，41，43，47，…

有人可能会问：质数是否有无限多个？

有趣的是，答案早在两千多年前就已经得到了：欧几里得以一种非常简单的方式证明，确实有无限多个质数。在这里我不打算阐述欧几里得的证明方法，如果你对这个问题感兴趣，可以在几乎所有大学数学课本的前几章里找到论证它的相关内容。

关于质数，有很多悬而未决的难题，但我接下来想说明这个问题有着独特的吸引力。跟我来，你会发现它是多么有趣。

如果你仔细想一想，就会意识到只有一个偶质数，那就是数字 2。由此可见，任何大于 2 的偶数都不可能是质数，因为从本质上讲，除了 1 和它本身之外，它都能被 2 整除。

也就是说，除了 2 和 3 这种非常特殊的情况，不可能有连续的质数。为什么？如果你选择两个连续的正整数，其中一个正整数必然是偶数，因此，其中的一个（或两个）正整数不可能是质数。现在我们以两个不连续但“几乎连续”的质数为例来说明。“几乎连续”是什么意思？就是说，我们把跳过介于两个连续质数之间的正整数的质数称为“几乎连续”的质数。

例如，3 和 5 是“几乎连续”的质数。在这种情况下，我跳过了 4。我可以用 5 和 7（跳过 6）或者 11 和 13（跳过 12）做同样的尝试。我们可以在正整数之间再“前进”一点，如 17 和 19，29 和 31，59 和 61 及 71 和 73。每一对满足这一特征的质数（是两个“几乎连续”的质数，跳过了“中间”的偶数)，都被称为“孪生质数（双胞胎质数)”。

那么，是否存在无限多对孪生质数呢？也就是说，我们知道质数有无限多个（欧几里得证明了这一点)，但我们不知道孪生质数是否也有无限对。这就是我想在这里讲述的未解决的问题。[①]

旅行推销员问题

最后，我将讲述我在本节开头提到的“千禧年大奖难题”清单中出现的七个问题中的一个问题。如果有人能够解决这个问题，他就可以获得 100 万美元。

这个问题真的很简单，也很容易理解。当然，这并不意味着很容易解答它。事实上，你会发现，如果你继续阅读下文，可能会多次怀疑竟然有人愿意支付这笔钱来解决这个看起来非常愚蠢的问题。然而，五十多年来，它就这样被提出了（如果你查看历史，关于这个问题，最早可以追溯到 19 世纪初)，直到现在，还没有人找到解决它的方法。现在加入我吧。

假设一个人要走遍一定数量的城市，而这些城市都是相互连通着的（通过公路、铁路或航线连通)。也就是说，他可以从一个地方出发到另一个地方，并且我们假设从城市 A 到城市 B 的旅行费用与从城市 B 到城市 A 的旅行费用相同。

问题是得选择一个城市作为路线的起点，计划一次经过每座城市

---

① 当卡洛斯看完我发送给他的文章后，他给我发了一封电子邮件（我于 2018 年 6 月 24 日星期日收到)：“阿德里安，最近我在这个问题上有一些‘进展’，但这个进展是以一种非常有趣的方式呈现的。已经被证明的是，有无数对连续质数之间的差是一个固定的数字 N（推想的特殊情况是当 N=2 时)。但是，起初，数字 N 大约是 7 000 万。今天，在我给你写这封信的时候，N 已经减小到了 6，我想，这就是我所做的工作。其中，贡献最大的数学家是张益唐，他于 2013 年 5 月在《数学年鉴》上发表了他的工作报告，还有詹姆斯·梅纳德和特伦斯·陶。”（如果你不认为是这三位数学家，上述内容就属于我个人的观点。)

的旅行，并以回到最初出发的那座城市结束。当然，如果问题到此为止，它就不是一个“问题”。剩下的就是要推算出在所有可能的路线中，走哪一条路线的旅费最少。

这就是这个问题的全部内容。不要告诉我你不想返回去再读一遍，因为我确信现在你一定怀疑自己是否正确理解了这个问题。根据我把这个问题第一次告诉我认识的人的经验，我“几乎”可以肯定，你现在也会认为这就是发生在自己身上的事情：

1. 你认为自己还没有明白这个问题。
2. 这个世界肯定是哪里出了问题。

然而，这一切都很正常，只是这道题真正的疑难之处似乎被隐藏起来了。不同年代的数学家做了诸多尝试，使这一问题取得了多项进展，特别是在优化研究领域方面，但到目前为止，这个问题还没有解决方案。[①]

我知道此刻你可能在怀疑我，或者怀疑自己，甚至怀疑一切。你可能会想：看似不是很难的问题为什么解答不出来？接下来，我们一起来看一下吧。

我们以比较少的城市做一些简单的尝试，我将用字母把它们联系起来。对于两座城市 A 和 B，有两条可能的路径。从 A 处开始，到 B 处，然后返回 A 处；从 B 处开始，经过 A 处，然后返回 B 处，即

① 实际上，我说没有解决方案是“错误”的。有一个解决方案，而且非常简单：只须列出所有可能的路线，并选择最短的那条路线。问题在于我们需要多长时间才能发现这条特殊的道路。迄今为止采用已知的方法（即使在很简单的情况下，且只有“少数”几个城市）也需要几个世纪的时间才能完成。用稍微有点“技术性”的术语来说，目标是找到一个多项式算法。到目前为止，我们所发现的那些算法都具有指数级的复杂性。

ABA 和 BAB

接下来，就要看一下每段行程的旅费，然后把旅费相加。因为在两条可能的路线中，走每一条路线都会涉及旅费。接下来，我们进行一个比较，找出旅费最少的那条路线，然后选择走这条路线。

现在，假设有 3 座城市 A，B 和 C。你会发现有 6 条往返这三座城市的路线。我“按顺序”写出这 6 条可能的路线：

ABCA　BACB　CABC　ACBA　BCAB　CBAC

同样，把走每条路线上的旅费相加，得到每次行程所花旅费的最终结果，然后选择走旅费最少的那条路线就可以了。

那么，如果是 4 座城市 A，B，C 和 D，就会有 24 条可能的往返路线，即

ABCDA　BCDAB　CABDC　DABCD
ABDCA　BCADB　CADBC　DACBD
ACBDA　BDACB　CBADC　DBACD
ACDBA　BDCAB　CBDAC　DBCAD
ADBCA　BACDB　CDABC　DCABD
ADCBA　BADCB　CDBAC　DCBAD

假设有 5 座城市 A，B，C，D 和 E，会有多少条可能的往返路线呢？这个问题很关键。我想让你相信，从 4 座城市增加到 5 座城市，可能的往返路线就会增加很多——有 120 条路线。

旅行可以从哪个城市开始？答案：可以从 5 座城市中的任何一座城市（A，B，C，D 和 E）开始。一旦选择了一座城市，那么去往第二

座城市有多少种可能的选择呢？答案：其他 4 座城市中的任何一座城市。换句话说，从第一座城市出发去往第二座城市，就有 20 条可能的旅行路线：

AB，AC，AD，AE，BA，BC，BD，BE，CA，CB，CD，CE，DA，DB，DC，DE，EA，EB，EC 和 ED

接下来选择 3 座城市，会有多少条可供选择的路线呢？我们已经选择了两座城市，所以还剩下 3 座城市。既然我们已经有了 20 条可供选择的路线，也就是说，在选择 3 座城市时，原来 20 条可供选择的路线中的每一条路线都可以再被扩展出 3 条，那么，最终就会有 60 条可供选择的路线。现在你能意识到排列这些路线组合的难度了吧？就好像我们在画一棵树及它的枝叶。我们继续。

如果选择 4 座城市，有多少条可供选择的路线呢？在我们制定的行程方案中只有两座城市还没有使用。然后我们必须从已选择的 3 座城市的 60 条可供选择路线中的每一条路线开始，与接下来的两座城市进行组合。也就是说，选择 4 座城市，我们就有了 120 条可供选择的路线。

现在我们已经没有什么可以选择的了，因为在 5 座城市中，我们已经排列出了往返任意 4 座城市的路线组合：因为往返这四座城市的路线也是从往返 5 座城市的路线当中选择的，因此往返第 5 座城市就不会有新增加的路线。最后，在选择 5 座城市的情况下，仍然是有 120 条可供选择的路线。

如果你再次阅读一下我刚刚所讲的内容，就会发现，其实数字 120 是通过前 5 个自然数相乘得出的：

$$120=5\times4\times3\times2\times1$$

这个数字被称为“5！”。并不是说我们读它要有非常钦佩的感觉，而是数学家们把这个数字称为“5 的阶乘”。在我们分析的例子中，5 这个数字正是城市的数量。

那么，如果不是有 5 座城市，而是有 6 座城市，那么可供选择的路线数将有：

$$6!=6\times5\times4\times3\times2\times1=720$$

以此类推：

7 座城市，会有 5 040 条可供选择的路线，即 7！=5 040。

8 座城市，会有 40 320 条可供选择的路线，即 8！=40 320。

9 座城市，会有 362 880 条可供选择的路线，即 9！=362 880。

10 座城市，会有 3 628 800 条可供选择的路线，即 10！=3 628 800。

说到这里，我们暂停一下。正如你所看到的，仅仅有 10 座城市，其可供选择的路线总数就已超过 360 万条。我们可以将走每一条路线的旅费计算出来，将每条线路与走每条路线的旅费一一对应，并按顺序进行排列，最后从中选出旅费最少的那条路线。

得出的第一个结论是，随着我们在自然数世界中不断研究，我们可以发现，一个自然数的阶乘会非常迅速地增加。[①] 为此，我们再举例

① 当然，当我说到“一个自然数的阶乘会非常迅速地增加”时，“非常迅速”可能是比较主观的表达。关键问题是“与什么相比更快？”如果你质疑这句话的正确性也没错，但不要过于计较我这样的表达，相信你能理解我的意思。无论如何，我建议你将自然数的阶乘增长与其他类型的乘法甚至指数级增长进行比较。

说明一下：

例如，阿根廷有 23 个省会城市，如果你去这 23 座城市进行商务旅行，并尽可能降低旅费。也就是说，根据我们刚刚了解到的情况，你必须计算 23 的阶乘。要想计算 23！，可供选择的路线数就已经是个天文数字。即使用最强大的计算机计算，也很难确定所有路线中哪一条路线是最佳路线。

23！ =25 852 016 738 885 000 000 000

正如你所注意到的，这道题的困难之处不在于写出可供选择的路线，甚至不在于计算出旅费，而是在选择最佳路线之前，必须先探索大量可供选择的路线。如果有 23 座城市，就已经是天文数字，如果有 100 座城市或 1 000 座城市，那么可供选择的路线数更是不可想象。

因此，困难不在于做数学题，甚至不在于采用哪种计算方法，也不在于把旅费相加后进行比较。目前无法解决的问题是，面对大量可供选择的路线，怎样找出最佳的那一条路线。正如我之前说的那样，即使是最简单的情况，似乎也难以处理。

有一些个案已经得到了解决，实际上这个问题仍未完全被解决。

我看到了关于这个问题最新的一条评论：以目前的计算方式，针对这个问题似乎不能找到解决办法。那么，就有必要提出一些新想法，以彻底改变我们迄今已知的一切。

到此，这个数学领域悬而未决的难题就介绍完了。我是否成功地引起了你的兴趣？是否成功地激励了你？你知道我为什么要这样问吗？很明显，你不可能通过阅读或尝试解释这些问题来改变你的生活。但是，如果你对“数学世界”发生的事情一无所知，不知道这个世界上还有很多人在思考，不去解决尚未解决的问题，你不觉得自己没有任何进步吗？

无论如何，我想告诉你，我对这些问题很感兴趣，我是这样想的，就像我很想知道世界上的科学家们每天在想什么，无论是什么学科、地点、条件……这些都不重要。当他们早上醒来去“工作”时，他们面对未解决的问题能想到更好的主意吗？在那一天，那个特别的日子里，他们可以想出一些新方案来推动他们的目标前进吗？我能给他们提供更好的想法吗？在你的职业生涯或生活中，有什么事情比在这方面做出贡献更好呢？

即使你不同意我的观点（我也不确定自己是否完全认同这些观点），我也认为上面这段话值得你思考。

对算术的好奇心

我想给自己点个赞。一段时间以来，我经常在不同的书中或互联网上看到与算术有关的“美文”。看到这些文章，我心情很激动，就好像在博物馆看到了一幅美妙绝伦的画。

我在一位朋友家里写下了类似的想法，因为我在他家里的一本书中看到了相关文章，我想把它们摘录下来。在此，我想感谢伦尼·冈斯坦，感谢他为我提供了这些材料，并鼓励我把这些材料整理出来。

我在 2014 年 12 月 28 日看到了最后一次投稿，碰巧，那天是西班牙的愚人节。我没有注意到这一点，但我写下了下面几个相关的例子。

1. 在下面的例子中，先从左向右观察这些数字及其组成，然后按照从右向左的顺序观察它们。在这种情况下，下面两个等式得到了验证。

$$8\,712=4\times 2\,178$$

$$9\,801=9\times 1\,089$$

通过上述两个等式，我们可以得出结论：8 712 和 9 801 是唯一两个等于自己“逆”的倍数的四位数。

2. 下面是 4 个著名的等式：这 4 个数字是等于组成它们的每一个数的立方之和的唯一的正整数。请看下面例子：

$$153=1^3+5^3+3^3$$

$$371=3^3+7^3+1^3$$

$$370=3^3+7^3+0^3$$

$$407=4^3+0^3+7^3$$

3. 非常有趣的是：239 × 4 649=1 111 111。由于 239 和 4 649 都是质数，表明这是将 1 111 111 分解为两个或两个以上不涉及 1 的数字乘积的唯一方法。

4. 11 × 73 × 101 × 137=11 111 111。同样，数字 11，73，101 和 137 都是质数，但现在还有很多方法可以把数字 11 111 111 分解成其他数字的乘积。我也很快地写出了这样的一些式子。在我们进一步讨论之前，先看看将有多少种分解的方法。由于涉及 4 个质数，根据不同的分解方式，我们将得到不同的“质因数”（不包括数字 1）。请看下面：

$$(101\times137)\times(11\times73)=13\ 837\times803$$

$$(73\times137)\times(11\times101)=10\ 001\times1\ 111$$

$$(73\times101)\times(11\times137)=7\ 373\times1\ 507$$

$$11\times(73\times101\times137)=11\times1\ 010\ 101$$

$$73\times(11\times101\times137)=73\times152\ 207$$

$$101\times(11\times73\times137)=101\times110\ 011$$

$$137\times(11\times73\times101)=137\times81\ 103$$

5. 如果有人想把 12 个不同的橙子排序，计算一下有多少种排序的方法，我们就会知道[①]结果是“12！”(12 的阶乘)，即有 479 001 600 种排序的方法。如果我们改变一种顺序需要 1 秒钟，那么按所有方法排列完所有的橙子总共需要 479 001 600 秒，也就是 15 年。祝你好运吧！

6.“奇特”的等式

现在假设有一个人在输入数字 51 时，输入了错误的“指数”和运算符号。令人匪夷所思的是，这些“方指数”竟然变成了积的数字。请看下面的例子：

$$2^5 \times 9^2=2\ 592$$

$$3^4 \times 425=34\ 425$$

$$31^2 \times 325=312\ 325$$

7. 每个学生的梦想（这也是我曾经的梦想）

我们的想法是以最简单的方式简化分数：删除分子和分母[②]中的一些数字。我们一起来看一看这些例子：

64/16=4/1=4（删除分子和分母中的 6，结果仍然是正确的）

98/49=8/4=2（删除分子和分母中的 9，结果仍然是正确的）

---

① 这是关于计算出 12 个元素有多少种排列组合的算数题，在本小节中是以 12 个橙子为例。在互联网上，你可以用很多种方法轻松地查找到什么是排列组合，以及如何计算 n 个元素的所有排列组合数（结果是：$n! = n\times(n-1)\times(n-2)\times(n-3)\times\cdots\times3\times2\times1$）。例如：$5! = 5\times4\times3\times2\times1\times1=120$。

② 这些例子要归功于编写和继续编写 Mathematica 的人。Mathematica 是我们，尤其是数学家、物理学家、工程师、计算机科学家（仅限举几个例子）在不同的科学领域使用的应用程序。它是由斯蒂芬·沃尔弗拉姆构思设计的。它的业务基地在离伊利诺伊大学非常近的香槟区。参见网站：http://mathworld.wolfram.com/PrintersErrors.html。

95/19=5/1=5（删除分子和分母中的 9，结果仍然是正确的）

65/26=5/2（删除分子和分母中的 6，结果仍然是正确的）

这一事实是由博厄斯在 1979 年发现的。在斯蒂芬·沃尔弗拉姆负责的 Mathematica 项目中，这是仅有的四种涉及两位数的情况。关于三位数的情况，下面有一组完整的“回文等式”序列——去掉分子和分母中相同的数字而不改变其计算结果的等式序列。

13/325=1/25（删除 3）

124/217=4/7（删除 1 和 2）

127/762=1/6（删除 2 和 7）

138/184=3/4（删除 1 和 8）

139/973=1/7（删除 3 和 9）

145/435=1/3（删除 4 和 5）

148/185=4/5（删除 1 和 8）

154/253=14/23（删除 5）

161/644=11/44（删除 6）

163/326=1/2（删除 3 和 6）

166/664=1/4（删除两个 6）

176/275=16/25（删除 7）

182/819=2/9（删除 1 和 8）

187/286=17/26（删除 8）

187/385=17/35（删除 8）

187/748=1/4（删除 7 和 8）

199/995=1/5（删除两个 9）

218/981=2/9（删除 1 和 8）

266/665=2/5（删除两个 6）

273/728=3/8（删除 2 和 7）

275/374=25/34（删除 7）

286/385=26/35（删除 8）

316/632=1/2（删除 3 和 6）

327/872=3/8（删除 2 和 7）

364/637=4/7（删除 3 和 6）

412/721=4/7（删除 1 和 2）

436/763=4/7（删除 3 和 6）

教育：昨天和今天

请允许我说句题外话。虽然听起来有些不切实际，但我认为这是一次机会。你可能在想：是什么机会？

我解释一下。我不知道这是否是我们每个人曾经一直在寻找的一次社会变革的机会，但今天的社会正面临着一次历史性挑战。因为我们正生活在一个非常特殊的时期。的确，并不是只有这个时期经历过这种变革。

很久以前，人类开始有了电，然后就有了电话，随后出现了飞机和汽车。

我们中的一些人，出生在一个没有电视机的时代。可是，当电视机出现后，却很少有人拥有它。刚开始，拥有电视机是有社会地位的证明。在那个时代，要想被认为是“有文化”的人，需要知道如何阅读和写作。现在，这些当然也是必要条件，但显然还不够。

对于那些像我一样接近 70 岁的人，必须学会与未知的恐惧“共存”。而我们对此毫无准备。

事实上，当录像机、VCR 首次出现时，很少有人知道如何给它们编程。当然，当时给它们编程比现在困难得多，但有可能做到。这对于那些年轻人来说，是件很容易的事，就像他们操作流行的移动电话或其他应用程序一样。

在学校里，有的老师用粉笔和黑板授课，还有的老师使用吸墨纸和钢笔授课。他们不允许学生用圆珠笔，因为笔迹不能被擦掉。他们为什么要这样做？他们不想让学生做什么？他们想让学生暴露自己的错误吗？我一直不明白这种要求背后的意义是什么。

更不用说那些生来就是左撇子的人了。我有一个小学同学，他的老师会把他的手臂“绑在背后”，这样他就不能用左手拿笔。如果老师看到他用左手，就会用教尺打他。请相信我，并没有人告诉我这些，我之所以了解这个情况，是因为我经历了那个时代。我记得自己曾默默地想：幸好我不是天生的左撇子！

我们不禁会问，现在我们在社会上所经历的一切，是否和曾经老师用教尺体罚学生的那个时代一样？现在有些事情我们觉得合情合理，但在未来 40 年或 50 年后，我们的后代将认为我们现在经历的这一切是“多么野蛮”！

如今，当年轻人沉迷于电子游戏时，社会上就出现了激烈的批评，因为他们似乎与一切都隔绝了。但我听到的是：“我们面对面沟通，我们建立了人际关系。”当然是这样，因为我们别无选择。

我建议你这样想：在我们这个有电子游戏、社交平台、互联网的时代，如果我们不选择使用它们进行三维沟通，而是以线下面对面的方式进行交流，我们就显得格格不入。

事实上，我们之所以没有像上述假设的那样生活，而是选择属于这个时代的新生活方式，是因为我们没有其他选择，所以，处于不同时代的这两种生活方式没有可比性。换句话说，我们曾经的生活没有好到哪里去，现在年轻人的生活也没有差到哪里去。

在这里，我要表达我的一个存在争议的观点：我坚决不赞成时下“过去的时光更好”的说法。我相信当下是最好的，我们这一代人也更优秀，儿童和青少年都受到了更好的教育，他们承担着不同的责任。这些都为所有儿童提供了同样的机会，而不仅仅是对我们中的少数人有利。这也取决于一个人的购买力或银行存款的数目。这就是必须改变的事情。

我父亲下班回家后经常坐在我身边对我说："你如此狂热地迷恋披头士乐队的歌曲，给我解释一下它们到底有什么特点。我真的不明白。"是的，他说的都是事实。我不知道自己是怎么回答父亲的，但他对我说："如果有一天我认为你们年轻人的所作所为要么是'疯了'，要么是与现实脱节，那就说明我真的'老了'。"

我认为这就是今天发生在我们身上的事情。我们很难"接受这些差异"。这些差异既不是更好，也不是更糟，只是不同而已。

出于这个原因，每次我演讲时，都会要求主办方提供一块黑板（或几块黑板）、粉笔和橡皮擦。我一直都是这样做的。我觉得使用黑板比使用电子白板、彩色板更得心应手。

要进入数字世界，就必须做好准备"了解自己的弱点"，应该知道一个人必须学会说"我不知道"。

为什么要再次说"我不知道"？因为这样做会"促使"我们与学生一起学习。

这是否是不光彩的行为？现在，我大胆地断言（这个断言或许有争议）：如果我们不希望学校就这样消失（尽管我认为我们正朝着这个方向发展），我们就必须引入"横向教育"，这是为了让"知识社会化"，无论谁知道什么，都要分享它、传播它，并参与其中。

不管现在你处在什么年龄段、什么群体，"如果你知道什么，就分享它、传播它"。从某种意义上说，我们同时在互相教育着彼此，没有任何"上级对下级"的强加或者权威原则的限制。

我们生活在一个转型的时代，教学方法、教学计划和授课方式正在或者已经发生变化。这恰恰是我们面临的巨大挑战。我们处在历史上一个非常特殊的时期。正如我之前说的，我们出生在虚拟时代，我们必须在数字时代进行教或学。

当我还是个孩子的时候，信息和教育的两个基本来源是家庭和学校。当然，这两个来源现在仍然存在，但互联网、社交平台、Facebook、Twitter、Snapchat、Instagram、WhatsApp 等已经展现了强大的“能力”。你也可以继续往下列举。

就像汽车取代了马匹，互联网取代了信鸽或电报一样，抵抗完全是螳臂挡车，毫无作用。

如今，新技术、人工智能、利用电脑自主学习等新挑战又在其他领域出现了。当汽车第一次出现时，只有少数有权势的人拥有它。汽车带来的优势使得旅行速度更快，而且可以随意选择出行目的地。

那些有钱人可以去旅行，相互交流、建立关系，创建一个“熟人”人际关系网，彼此促进。

互联网取代了这一切。拥有汽车的人越来越多，乘坐飞机的人也在增多，但我们仍然远远不能说这已经“全面普及”了。从某种意义上说，社会上绝大部分人仍然“骑在马背上”，他们没有机会获得更好的教育、更好的医疗和更好的交流。

换句话说，他们没有机会获得知识，因此没有权利享受这些便利。正如物质财富的分配是如此戏剧性的不公平，知识财富的分配也是如此。这也是我之前提到的挑战。

回到常规的教育问题，今天其他的事情也正在发生。我们中的一些人有接受新事物的机会，而另一些人不仅没有这个机会，甚至不知道如何去接受新事物，因为他们不了解某些事情的存在，或者没有看到其他地方正在发生着什么。

正是这些人（教师或我们这一代父母，我仅列举两个例子）一生都在以某种方式进行教学和思考。现在，突然有人告诉我们，这种方式已经过时了，不再有用了，我们学到的东西已经没有任何作用了。

现在的老师必须以另一种方式进行教学，否则他们就无法生存。

虽然这种说法太过绝对，但假设我们真的要接受这种新教学方式，那么老师该怎么办？谁来帮助他们迎接即将到来或已经到来的新事物？他们或我们又将担当什么角色？

现在，从教师的角度来看，他们有必要"重新定位"自己，而且要接受当下的学生比老师懂得多这个事实给他们的自尊心带来的"伤害"。面对这种情况，老师要虚心接受。的确是这样，出现这种新变革，不仅仅针对老师，我们自身也要有谦逊和包容的态度。

我在这里说的都是"题外话"。我不知道自己在对谁说这些话，也不知道自己是否完全同意自己的观点。毫无疑问，在我看来，正如我们在 20 世纪和 21 世纪的大部分时间里所了解的那样，现在的传统教育没有未来。

决定做什么和如何做，需要创造力，尤其是需要进行反复尝试。更重要的是，它需要所谓"被教育者"共同参与。曾经，老师在课堂上采用"以老师讲课为主"的授课方式，但你有没有思考过这种教学方法存在的问题？只有老师教书这一种形式！课堂上只有老师在不停地讲话，学生们"几乎"不被允许抬头看，而是原原本本地记录老师"讲述"的内容。

时过境迁，现在又到了改革和创新的时候了。多么伟大的挑战！令人遗憾的是，我无法看到它将何以为继。但你能看到。你不仅要准备好见证这一切，更要准备好如何改变它和促进它变化。